知识生产的原创基地
BASE FOR ORIGINAL CREATIVE CONTENT

颉腾商业
JIE TENG BUSINESS

MAKING IDEAS HAPPEN

OVERCOMING
THE OBSTACLES BETWEEN VISION AND REALITY

让创意落地

[美] 斯科特·贝尔斯基（Scott Belsky） 著

林琳 译

中国广播影视出版社

图书在版编目（CIP）数据

让创意落地 / (美) 斯科特 · 贝尔斯基 (Scott Belsky) 著；林琳译. — 北京：中国广播影视出版社, 2022.4

书名原文: Making Ideas Happen: Overcoming the Obstacles Between Vision and Reality

ISBN 978-7-5043-8808-7

Ⅰ. ①让… Ⅱ. ①斯… ②林… Ⅲ. ①创造性思维 Ⅳ. ①B804.4

中国版本图书馆CIP数据核字(2022)第039684号

北京市版权局著作权合同登记号 图字：01-2022-0408 号

让创意落地

[美] 斯科特 · 贝尔斯基（Scott Belsky）著

林　琳　译

策　　划	颉腾文化
责任编辑	张　頔
责任校对	张　哲
出版发行	中国广播影视出版社
电　　话	010-86093580　010-86093583
社　　址	北京市西城区真武庙二条 9 号
邮　　编	100045
网　　址	www.crtp.com.cn
电子信箱	crtp8@sina.com
经　　销	全国各地新华书店
印　　刷	文畅阁印刷有限公司
开　　本	880 毫米 × 1230 毫米　1/32
字　　数	157（千）字
印　　张	7
版　　次	2022 年 4 月第 1 版　2022 年 4 月第 1 次印刷
书　　号	ISBN 978-7-5043-8808-7
定　　价	69.00 元

MAKING IDEAS HAPPEN

目录

第 2 章 群体力量

第 3 章 领导能力

实现创意

创意的实现，不取决于创意本身有多出色，也谈不上偶然性。一直以来，人们都误以为，出色的创意就意味着胜利在望。然而，不论处理日常琐事，还是为创意的杰作提出一个大胆的新概念，都需要将设想化为现实。这种实现创意的能力绝非天才的灵光一现，而是每个人都能学会的。你所需要做的就是改善自己的组织能力，获得更广泛的群体支持，并发展自己的领导能力。

本书旨在将那些关于创造过程的天马行空的概念落到实处。众所周知，创意人士乐于即兴创作，凭直觉行事。这也是他们引以为傲的天性。然而，当我们仔细探究那些最成功、最高产的创作人士、企业家和商人是如何做到让创意落地的，结论是："想出创意"只是这个过程中微不足道的一部分，或许只占了整个过程的 1%。

托马斯·爱迪生有句脍炙人口的箴言："天才就是 1% 的灵感加 99% 的汗水。"对创意人士而言，灵感来之容易，但把想法变成现实的其余 99% 又是什么呢？继续往下读，你就会找到一套极其实用的"让创意落地"的行动指南——这是我们用了六年多的时间，对那些擅长实现想法的人士的行为和技能加以研究后，得出的一系列真知灼见。

入门速读：创意成真

在下面几章中，将讨论非凡成就背后的奥秘，即这些创意如何经过大浪淘沙变为现实。正式开始讨论之前，简要介绍一下本书中频繁出现的几个术语，以及我对读者（及其观点）所做的假设。

你拥有一些想要实现的创意。无论身处哪个行业，成功取决于你如何开发和执行新创意。创意不仅仅局限于新产品、新商业理念，或是关于下一部小说的宏伟蓝图。每天我们都会冒出很多关于解决问题的奇思妙想。遗憾的是，不论这些创意有多棒，大部分终究不会成为现实。大多数创意在我所谓的“项目平台期”就夭折了。在这段高强度的项目执行期里，创新的天性反而会与你背道而驰。作为所在行业（以及自己生活）的领导者，必须学会抗衡这些天性。

你可以开发自己让创意成真的能力。基于多年来对创新人士和创新团队的研究，我会分享一些在实现创意方面屡试不爽的做法。

实现创意 = 创意 + 组织 + 群体力量 + 领导能力。我们要讨论的观点和方法有一个共同的框架。除却萌生创意（此话题本书不予讨论），实现创意的能力就是组织、群体力量和领导能力的有机整合。我们将深入研究这些影响要素，探讨如何在创新过程中使用这些要素。

组织让你能够管理并最终执行自己的创意。在信息过载和畅连在线的现代社会，必须运用聪明才智管理自己的精力。否则，就会陷入“被动的工作流程”中，贸然行事（而不是主动出击），疲于应付。生活中的每一件事都应该当作一个项目来处理。每个项目可以分解为三个要素：行动步骤、后置事项、参考项。本书第 1 章将要讨论的“行动方法”集结了创新领袖提升工作效率的最佳实践。行动方法帮助那些有创新倾向的人采取行动去处理工作和生活。在理解这个方法的基础上，将进一步探究该如何确定优先次序、管理精力和注意力，以及全面执行你的创意理念。

群体力量是无价和随手可得的。创意并不是由一个人想出来的。你必须抓住机会去传播自己的创意，然后借由周围人的能量来完善自己的创意。在本书的第 2 章会剖析这种让创意受欢迎的群体力量。

创意的开花结果需要独特的领导能力。领导任何创新活动，都需要彻底革新激励自我和周围人的方式。最受敬仰的领袖擅于创建并管理团队，使之在创新项目中无往不前。此外，还必须建立一种思维模式，以抵御（和利用）一路上可能面临的怀疑和压力。

虽然创意的产生是自然而然的过程，但创意的实现曲折复杂。因此，本书旨在提供一些方法和建议，帮助读者构建一种克服困难、实现创意的能力。

0.1 本书缘起

谈及创新，我总有些沮丧。我特别不愿意看到同事和朋友想出非常棒的好点子后，却由于其他观点的干扰，或是受生活所困而没能坚持下来。人们执行创意的概率微乎其微，这实在太令人失望了。在经历了一系列工作和硕士求学之路上的磨砺后，这种沮丧转变成了一种痴迷，随后还变成了我的事业目标。

信不信由你，这一切都始于投行高盛集团。早前我从事的是与欧洲股票相关的金融工作，极其枯燥无趣。后来，我受邀加入了高盛行政办公室一个叫作松树街（Pine Street）的小组。这是一个专注于提升领导能力和组织能力的小型专业团队。作为团队的一员，我主要关注的是如何挖掘公司内部和大客户企业里的创新领导者的潜力，服务对象包括对冲基金和其他高增长公司。这个职位给予了我宝贵的机会，让我可以研究（并传播）那些能够有效执行创意的领导者践行的巧思妙计。

在寻找和传播这些巧思妙计的同时，我也花了很多时间来观察企业领袖如何在业务日益快速变化的情况下，妥善处理管理日常人员的艰巨任务。此外，我开始与高盛集团之外的纽约各界创新人士进行非正式合作，帮助他们应对创意执行方面的挑战。这些摄影师、企业家、设计师等各界人士在这方面的需求可谓无穷无尽。

在松树街小组的这几年，我逐渐意识到创新界亟须生产力和领导能力提升方面的前沿知识。专业创新人士，即那些以萌生（有时也执行）创意为生的人，他们也许是这个世界上最不具备组织条理性的群体。然而，也正是这群人肩负起了设计、娱乐、文学、新兴行业等领域的重任，赋予我们生活的意义。在我看来，帮助这些创意人士克服万难、实现创意，不仅机会难得，更是责无旁贷。因此，我义无反顾地投身到创新领域的组织研究中。

在高盛集团和其他地方的工作经历让我在攻读哈佛工商管理学硕士（MBA）的同时创立了彼罕思（Behance）——一家致力于提升创新界组织性，并为其赋能的公司。在哈佛期间，我得以围绕“创新产业效率”这一主题展开探索，尤其是在与商业创新领域知名专家、哈佛商学院（Harvard Business School）教授特蕾莎·阿马比尔（Teresa Amabile）合作的独立研究项目中，对这个论题展开探索。与此同时，我也在纽约召集了一群由志同道合之士组成的小团队，他们与我同样热衷于创新界的组织改进，并求知若渴。

我们团队热衷于探究这样一个问题：尽管大部分人在创意落地的过程中毫无章法，有些人甚至畏惧不前，但是为何有些组织或有些人总能使创意开花结果？他们是怎么做到的？据此，我们采访了成百上千位令生活趣味盎然的个人和团队，包括顶尖设计师、新兴技术团队、媒体高管、作家、连续创业者、电影制作人等。我们从不问“是什么触发了你的灵感？”或“你的灵感源自哪里？”这类常见的问题。相反地，比起创新性，我们更关注这些人如何保持高效，并能始终如一地践行他们的想法。

一路走来，我们结识了许多各行业备受尊崇的公司团队，包括苹果公司、艾迪欧（IDEO）、迪士尼、谷歌、美捷步（Zappos）、米拉麦克斯影业公司（Miramax），以及施德明（Stefan Sagmeister）、赛斯·高汀 (Seth Godin)、克里斯·安德森（Chris Anderson）等杰出创新人士。他们通过坚定地执行自己的创意，成为创新界颇受景仰的思想领袖。我们发现，这些团队和个人的成功并不是由于某一刻的灵感迸发，相反，他们之所以能够持续不断地把想法变为现实，来源于他们采用了许多共同的好做法。

具体而言，我们发现卓有成效的创新人士和团队在以下几个方面有许多共性：①有效的组织与坚定的执行；②同伴参与和借助群体力量；③领导创新事业的策略。尽管很多人不遗余力地追寻非凡的新创意，但通过研究，我发现，发展使创意成真的能力才是更为有效、更长久的办法。

希望本书能够为读者培养此能力提供一个指南，最终帮助更多优秀的创意获得关注。我们所处的时代挑战与机遇并存，对各种非凡创新的需求空前绝后。一味倚靠提升效率或降低价格已不足以在全球市场上脱颖而出。我们必须孕育新的创意以应对周遭的机遇与挑战；还必须克服重重困难，让这些创意真正落地。

本书的目标受众是创新人士或创新团队，即那些受到浓厚兴趣驱使且能想出各种创意去追求这些兴趣的人。但本书并不只为传统意义上的“艺术家”而写。罗德岛设计学院校长前田约翰（John Maeda）一语道破天机：“我不认为所谓的‘艺术’或‘创意’就意味着创作一幅漂亮的图画。我所遇见的每一位企业家都是艺术家。他们都得学会坦然面对失败。对他们而言，企业就是他们的画卷。”

0.2 为何大多数创意从未实现

每天都有无数有可能改变我们生活的创意被孕育——新药研制的概念、新的商业模式、名曲的萌芽、艺术代表作的雏形。遗憾的是，这些创意却在颇具创新天赋的人手中白白挥霍了。创意之所以能够推动产业进步，并不是因为创意本身多卓绝，而在于高明的创意管理能力。是的，在将创意变为现实这一看似疯狂的举动背后，有章法可循——只不过这些方法并不像想象中那么浪漫。

创意之生与死

创造力是辉煌成就的催化剂，但同时，也是其最大的绊脚石。倘若细究新想法从孕育到执行的自然演化过程，就会发现，几乎所有的新想法都惨遭早夭。如果这听起来有些耸人听闻，那么请你回想一下，那些自己曾构思但从未付诸实践的点子：想创作一本书、想启动一个商业项目、想创立一家店……对大多数人而言，这个清单不断增加，似乎没有尽头。新想法从它们诞生的那一刻起就面临着艰苦卓绝的漫长斗争。

悲观论者也许会说，大多数创意的消亡实际上是一件好事。毕竟从日常角度看，社会的兴盛得益于因循守旧。保持现状是社会运转的润滑剂，为我们带来稳定的健康和幸福。即使是倡导创新的公司，也需满足现有客户的需求、实现营收目标以维持企业运转。在某种程度上，大公司内部天然存在的免疫系统在扼杀创新想法方面难辞其咎。毕竟，全新的创想有可能将我们带离既定轨道；它们（在初始阶段）很可能并不具备经济价值，而且会给一个相对完善的系统带来巨大风险。因此每一个创新想法还未实现之前就面临着一系列外在的障碍，这无可厚非。但可惜的是，这些外在障碍并不区分创意的优劣。

然而，比这些外在障碍杀伤力更大的，是我们自身的局限性。最有可能扼杀创新想法的，是我们自身的局限性。时间有限，再加上来自家庭、朋友、工作、休息方面的种种需求，大部分想法都会瞬间烟消云散。如果你的创意熬过了兴奋的蜜月期得以幸存，它依然有可能被束之高阁，因为可能除了你，谁也不知道这个创意。大部分新点子总是在孤寂中诞生，又归隐于孤寂。

即便你拥有贯彻某个创意所需的一心一意的专注力，前面的道路也注定荆棘丛生。不论单打独斗，还是团队合作，你都将遭遇种种挑战：如何保持效率、如何承担责任、如何掌控全局。前路漫漫，令人身心俱疲，路上遍布被丢弃或被搁置的不成熟想法的残骸。大部分新点子，尽管创意不错，也很有意义，但仍然永不得见天日，这是一个悲剧性的事实。

所幸的是，从另一个角度看，在各行各业的众多创意项目中，总有一些人能游刃有余地将创意变为现实。本书旨在将这些秘诀一网打尽。

创新之谜：人性的矛盾

创意的实现是一个特殊的谜题：帮助我们保持高效并执行创意的这些力量经常与创意的源头，即我们的创造天性相矛盾。

查德和瑞莎是我早先认识的两位朋友，他们的种种遭遇正是许多创新人士之痛的缩影。他们身上淋漓尽致地体现了在创造天性支配下的生活。

一个顶尖电影工作室的知名制片主管跟我聊起查德，说他简直无药可救。查德是他见过的最具天赋的编剧，每天夜以继日笔耕不辍。虽然他也写过几部像样的本子，但是成功的少，失败的居多。经纪人像走马灯似的换了一个又一个，邮件也只是“大概每周”查看一次。制片人和查德的密友颇有共识：这个人很难联系上，而且还极其缺乏条理性。他被创意的洪流裹挟，无法掌控自己的想法，而这些想法有些是极有发展潜力的。

“每天，我脑子里都会冒出许多关于情节的奇思妙想，但它们很快就烟消云散了。”和我说起这事时，查德扼腕叹息。

当我问起如何才能做到井井有条地工作时，他却突然戒备起来。一再提醒我他是个作家，他热爱自己的工作，写作是他最擅长的事情。

“写作本身就是混乱的，它已经融入了我的生命。”查德义正词严地说道。

不过，他也承认自己曾经想过，如果“一切井然有序”，会带来什么好处。

采用井然有序的工作方式会给查德带来焕然一新的改变。他需要一个组织系统，既能捕捉所有新生的创意，又能引导他将精力投入到需要付诸实践的项目上。他自嘲自己是一个“技术恐惧症”患者，因此他创造了一个纸质组织系统，可使至关重要的“行动步骤”一目了然。就这样，他不再依赖一张张便利贴，也不用再为应付邮件把自己搞得焦头烂额。相反，他采用了一套原则，甚至还有一些固定程序，让自己能专攻那些重要项目中的关键之处，同时又确保了自己的创作进程。在深入了解“行动方法”之后，你也可以像查德一样，重新评估自己的组织方法，无论是针对个人事务，还是专业项目。

接下来再看看瑞莎的生活。瑞莎在学校攻读人类行为学专业，她热爱哲学、坚持思考。她花了数年时间研究一个有关孤儿社会发展的新理论。当我初遇瑞莎时，她几百页的笔记本上已密密麻麻地写满了各种观点，但却还没成型。她只与少数人分享她的观点，很少回顾自己写了什么，总是一味追求新的东西。她不太关注别人反馈的意见，而是喜欢滔滔不绝地讲述自己的工作如何意义非凡，研究成果将惠及世人。毫无疑问，瑞莎饱含激情并且天赋超然。

一路走来，瑞莎频繁地跳槽。当提到这些年来她一直在酝酿的半成品的课题时，曾经的慷慨激昂化成了战战兢兢与一丝失望。瑞莎坦承："当前一事无成。"虽然有种种借口，但她也说不清到底是什么阻碍了进展。总之，她没法实现自己的任何一个设想。

瑞莎冰雪聪明，做事随性。由于没有人挑战她的观点，督促她执行这些想法，她因此步履维艰。瑞莎的转机是建立了一个博客，邀请了一位挚友作为自己的导师，并加入了当地的一个哲学论坛。这样，她每周都能在论坛上与他人交流想法。那些零零碎碎的想法逐渐变成了一系列目标更明确的项目。最终，瑞莎多年的研究成果得以付梓，引起了轰动。对瑞莎而言，群体的力量点石成金。

查德和瑞莎的故事揭示了创新人士所遭遇的一些共同的困难。创意落地经常意味着要与自己的人性作斗争。仅凭聪明、有创意的头脑是做不到的。

本书将聚焦那些在各行各业中一次次将创意变为现实的创新领袖和团队。其中一位领袖就是乔纳森·哈里斯。他是一位集艺术家、知识分子、技术专家于一身的奇才。准确地说，他是一个讲故事的人，一个互联网人类学家。尽管毕业于普林斯顿大学，但他的职业生涯却独辟蹊径。用乔纳森自己的话说，他热衷于追求那些"始于世界本源"的观点，并探索"故事作为时间胶囊"

的作用。

如此不拘一格的追求或许会被视作典型的白日做梦而遭摒弃。然而，乔纳森却在创新工作中获得了非凡的成效。28 岁之前，他就发布了多个斩获大奖的网络产品，推动了人类与技术的交互。他创作的项目包括“我们感觉不错（We Feel Fine）”“叶序（Phylotaxis）”“猎鲸（Whale Hunt）”等。“我们感觉不错”是一个关于人类情感的全球在线实验，让访客可以同时观察到成千上万人如何表达同一种感受。“叶序”是一个旨在探索科学与文化的交汇过程的项目。广受好评的“猎鲸”行动则是一个纪实摄影项目，他使用了一部头戴式相机，每隔几分钟就自动捕捉阿拉斯加猎鲸之旅中的画面。如此种种，都是创意成真的写照。

乔纳森的作品登上了美国有线电视新闻网（CNN）、英国广播公司（BBC）和《连线》杂志（*Wired*），并在巴黎蓬皮杜中心和现代艺术博物馆（Museum of Modern Art）展出。总之，源源不绝的创意并没有成为乔纳森的掣肘。乍一看，他的创意听起来似乎是空中楼阁，太过先锋前卫，难以赢得大众青睐。然而，这些创意却克服重重困难得以实现。是乔纳森推动这些创意开花结果，赋予了创意一次次成功的机会。

“我认为这里面包含了两个阶段。”乔纳森向我解释道，“第一个阶段就是从茫茫苍穹中收集各种信号。（创意）随着时间的推移不断累积，有一天当你在洗澡的时候，就会灵光乍现。第二个阶段就是决定‘好，我要放手一搏了！’一旦决定，从此以后的思维方式就截然不同了。至少对这个创意而言，你必须要变得更理性、更有逻辑、更有组织条理性。这个过程的重点不再是接收信息，而更多的是整合信息、提取观点并最终有所产出。这让很多创新人士非常吃力，或许是因为前一个阶段是一种更为令人愉悦的生活方式，但后一个阶段才是梦想成真的唯一方法。”

乔纳森认为，任何成功的创意项目都必须能在构思和执行这两个阶段间自如切换。乔纳森讲到项目方法和工作流程的时候，你立即就能感受到他对自律和简洁的重视。同时你也可以看出，他在启动项目的时候，就已经认真地把受众和可行性考虑在内了。工作固然给他带来了个人成就感，但工作的真正目的是实现与他人的链接。

很多人宣称他们从事创造仅仅为了自己，辩称创意的构思和践行只不过是一种实现个人成就感的手段，仅此而已。但这种论调是自私的：只面向一个受众的创意无论在潜在动机还是在公众利益方面都是巨大的浪费。

乔纳森接着解释道：“我认为，如果你想让自己的作品风靡全球，有一个好办法就是用某种方式包装它，使之吸引尽可能多的受众。随之而来的结果也不尽相同。可以让它看起来非常诱人，好比 HBO 顶级剧场的一部迷你剧；也可以让它看起来较为诱人，就像能够登入艺术馆殿堂的藏品；还可以让它看来索然无味，成为躺在自家地下室里默默无闻的废品。”

乔纳森成功地战胜了创造力带来的挑战，足以成为创新专业领袖中的典范。他所展现出的种种特质，在其他使创意落地的成功人士身上，也有迹可循。

我所见过的那些最杰出的创新领袖和创新团队，都能够有条不紊地构想出大量的创意。他们将自己的创新建立在条理清晰上。作为专业人士，他们克服了营销自我的尴尬，运用社群的力量督促自己担负重任。此外，作为领导者，他们还能组建和引领团队，使其在时间的考验中砥砺前行。

实现创意的平台比创意本身的质量更为重要。你必须意识到，创意的平台掌控在自己手里。

0.3 创意落地的力量

本书共分为三个部分，每一部分展示一组实现创意的重要工具，即组织与执行、群体力量、领导能力。当然，创意本身作为一种催化剂，也是必不可少的。至于本书的目标，还是留待读者发挥创意，仁者见仁智者见智吧！

创意落地 =
（创意）+ 组织与执行 + 群体力量 + 领导能力

让创意落地的能力指的是以上等式中三个核心要素的总和。不论独自执行创意还是与团队协作，只有在错综复杂中掌握这三种力量的平衡，才能充分发挥自己的潜能。

下面简要探讨这三个要素的相关性。

1. 组织与执行

毫无疑问，工作方法在很大程度上决定了创新的结果。组织项目、优先排序、管理精力的方式可以说比创意的质量更为重要。这个论断对大家而言并不陌生。保持组织条理性的必要性在很多书中都有记述。相关的方法论著作和以效率为主题的博客大受追捧，揭示了人们对一个简单的解决方法的渴求。

然而，很少有人在创造性思维的背景下，或在飞速变化的工作环境中，探讨组织与执行。一直以来，创新工作者都是劳动力中流动性最大的群体，这种流动的趋势如今逐渐渗透到了整个商业领域。

自由职业者、合同工、兼职人员和小型企业家的群体日益增长。如今有许多公司通过为期两年的轮岗项目招聘员工。还有一些公司效仿谷歌公司，纷纷采纳诸如“日光计划”等新做法。所谓“日光计划”，就是让员工拿出 10% ~ 20% 的工作时间从事个人创新项目。甚至连有些更为传统的“终身制”的公司，如通用电气公司和国际商业机器公司，也都一致认为短期的体验教育对于终身职业机会的价值。

如此种种，说明了不论在哪个行业，职业生涯都在朝着流动化、数字化和灵活化的趋势发展。正如某位智者所言，“完全自由就意味着完全的责任”——许多小型企业家对此深以为然。随着工作地点和工作方式日趋灵活，组织的重任便越来越多地向劳动者个人身上倾斜。因此，生产率不再意味着你的工作效率有多高，而是对自己最重要的事情能产生多大影响。

你也许会纳闷：“我怎样才能在每天繁杂的任务执行和项目管理中保持有条不紊，同时又葆有创新所需的清醒头脑呢？”答案是，你可以综合运用一些极其实用的方法和技巧来掌控创意落地的过程。在本书讲述的高效人士的实例和相关主题中，你会发现创新力与组织技巧的融合是实践伟大创意并最终获取革命性硕果的秘诀。

2. 群体力量的借助

我发现，高效且成功的人士和团队普遍都会利用群体的力量来推动创意的发展。群体力量能带来极其宝贵的反馈，有助于改进创意，滋养有助益的关系，并建立一张资源共享、互相支持和灵感交涌的联系网。

心理学家凯斯·索耶（Keith Sawyer）是米哈里·契克森米哈的门生（Mihaly Csikszentmihalyi，著有创造力经典名著《心流：当下的幸福》*Flow:The Psychology of Optimal Experience*）。凯斯·索耶在2007年出版的《天才团队》（*Group Genius*）一书中写道："一切伟大的发明都始于一连串小小的火花。一开始的想法通常都不是那么尽善尽美，但在相互协作的催化之下，这个想法又激发了另一个想法，换言之，这个想法又以一种出乎意料的方式得到了重新阐释。协作让小小的火花汇聚，孕育出开天辟地的创新之作。"

"创意天才都是单打独斗的"，这种观念即使存在过（索耶可能不认同这个观点），在21世纪的今天无疑也早已过时。因特网使信息畅通无阻，极大地推动了"一个个小火花"共同助力创想的精炼。我访谈过的几乎所有人和所有公司都会利用网络的力量去实现一些在本节中将会讨论到的目标，包括收集反馈、提炼观点、资讯公开、分享和推广完成的作品。

看看美捷步首席执行官谢家华是如何利用推特公开资讯并找寻灵感的；畅销书作者、《连线》杂志主编克里斯·安德森又是如何利用忠实的读者群来完善自己的创新定理的；再看看营销战略家诺亚·布利尔如何收集反馈信息，改进网络实验。当然，网络只是访问和构建社群的方式之一。接下来要讨论的概念和观点并不局限于任一种媒介，它们可根据个人性格和需求选择各种方式加以运用。

不管性格如何，我都一再强调，利用周围的群体力量至关重要：群体为解决旧问题提供了新思路，同时也提供了大量信息，激发你更加强大的创造本能。负担责任是融入群体最关键的好处之一，它将你与创意的执行绑定。当你对他人负起责任时，你的那些创新念头就变成了实际的项目——你的创意开始生根发芽。群体为你注入了更充沛的创新能量，促使你立志将这些能量更好地付诸实践。

3. 创新事业的引领

历史由那些富有激情和创新力的人与组织所创造，他们在领导他人和自我管理上出类拔萃。领导能力让创意的推进能坚持如一，逐步取得进展并最终获得成功。可惜的是，在领导能力方面，创意界经常存在巨大的空白，这在整个创新产业的高人员流失率和频发的管理问题中可见一斑。员工退出创新团队经常都是由于人际冲突或工作乏味，很少与钱有关[①]。为了推动创新事业持续发展，必须让其他人参与到自己的创意中。

领导能力不仅意味着领导他人的能力，也意味着领导自己的能力。阻碍创意执行的最大绊脚石或许是某些个人缺陷，这也是创新人士在创意执行过程中常见的心理障碍。本书所讨论的那些多产和高效的知名创新人士中，很少是“自然派”。尽管创意之泉可能是自然而然涌动澎湃的，但实现创意的方法却经常与我们

① 我曾经与多位创新机构的人力资源专家交谈过。他们告诉我们，离职谈话表明，最常见的离职原因是与管理或士气相关的问题，而不是薪资不够有竞争力。

的直觉相悖。从某些方面而言，执行创意所必需的自律与约束常须创新人士违背本性，不断妥协。

我把这种情况称为“创新妥协”，因为你必须准备好设定新的限制条件并采取最佳的做法，但这一开始会令你不适。你不需要牺牲自己在道德或者艺术方面的节操，但需要控制自己身上某些破坏性的倾向。也许你倾向于对每个创意浅尝辄止，但从没有真正执行过任何一个创意。又或者你倾向于独自酝酿创意，因为惧怕批评而回避他人的反馈，甚至即使获得了反馈，也下意识地想方设法淡化它。所有具备创新禀赋的人身上都存在类似的倾向，可能阻碍创意的落地。想要成为一位高效的创新领导，首先就要坦诚地做一个自我评估，了解自己的发展倾向和面临的最大障碍。

你必须换种思维，思索如何管理创意、管理合作群体和管理自我。当在创新事业的背景下讨论管理能力时，我们将重新思考自我行为管理的奖励机制，并探讨如何管理创新团队内部的微妙关系。

0.4 最后说明

当然，即使采用本书所述的所有最佳做法，也不意味着创意的实现就一帆风顺。通过本书研究过程中所做的千百次访谈，我发现没有一个人或一个团队是一帆风顺的。任何新事物天生就是违背常规的，而违背常规会引起不适。你的目标应该是完善自己的方法，而你的责任应该是为自己的创意创造机会。

本书非常实用，其中介绍了大量经实践证明行之有效的方法。每个建议和见解都简洁易行，因此你可以立即将本书付诸实践，在职业生涯中遭遇各种挑战的时候，也可以回顾此书作为参考。你会发现有些章节比其他章节要刻板一些。别忘了，执行的过程并非那么美好。但是，开发自己实现创意的能力是很有价值的。书中展示的最佳做法需要你自己消化和琢磨，并根据情况加以调整。希望本书能让你获得一些重要的启发，带来改变。

相关讨论也会在网络上持续进行。成千上万与你一样的创新人士和团队汇聚成了一个网络群体，渴望推动自己的创意一路向前。在我们的在线智库和彼罕思网站中，本项研究也将同步开展，希望你能从这些网站的素材中学有所获，同时也能为之添砖加瓦。

让我们开始吧！

MAKING

IDEAS HAPPEN

第1章

组织与执行

OVERCOMING

THE OBSTACLES
BTWEEN VISION AND REALITY

所谓自由，就是为每一项任务设定狭窄的框架，然后在这个框架范围内自由活动。具体而言，为自己限定的活动范围越狭窄，越充分地直面困难，自由就越多，也越有意义。制约越少，力量越小。制约越多，思想的禁锢就越少。

——伊戈尔·菲德洛维奇·斯特拉文斯基《音乐诗学六讲》

在这个创新大行其道的世界，创意总能轻易俘获人心。创造力被具有冒险精神的人视为珍宝，也让有些人沉醉。社会甚至将人分成“左脑型”和“右脑型”两大阵营。这种分类是建立在左右脑无法有效共存，具有非凡创造力的人天生就无法成为组织者和领导者这种极端（也可以说是错误）论断上的。然而事实并非如此。创造性与组织性双剑合璧，才使出色的想法得以付诸实践，推动了社会的进步。真正的问题与其说是社会对创新者的看法，不如说是创新者对于自身的看法。

2007 年，知名设计网站彼罕思针对千余位自认为是“专业创新人士”的受访对象开展了一项投票调查，询问他们如何评价自己的组织条理性。只有 7% 的受访者认为自己“非常有组织条理性”。14% 的人称自己的工作状态“十足的混乱”。占据受访人数 48% 的多数人表示自己“略有组织条理性，混乱状态居多”。经过进一步追踪，还观察到，缺乏组织条理非但不被视为问题，反而还成了许多专业人士身上引以为傲的闪光点。

事实上，创新的环境和创新思维本身对组织性非但没有促进作用，反而令我们难以容忍各种流程、制约和程序。然而，组织性是效率的火车头：想要让创意成真，就必须遵循相应的程序。

具有创新精神的人对此颇为抵触，这在一定程度上是可以理解的，因为创意的开发与落地并无定法。“程序”这个词声名狼藉，在官僚主义盛行的大公司工作过的人都知晓个中缘由。当这种外来的程序强加于身时，可能会压得人喘不过气来，身心俱疲。然而，程序归根结底要看个人品位和偏好，对创新人士而言更是如此。只有据自己喜好量身定制的程序才最有效。

我不会建议你刻板地效仿他人既定的成功案例，而是会提供一系列核心要素，帮助你强化自己现有的程序。备受推崇的创新领袖都有一套通用的组织和管理项目的方法。在本章中，你将有机会聆听到包括多产作家赛斯·高汀、传奇设计师和设计学院校长前田约翰等高效创新领袖和创新公司的智慧箴言。我们还会探讨一些知名创新企业，如艾迪欧、沃克数码和迪士尼采用的一些鲜为人知却行之有效的做法。

1.1
组织的竞争优势

组织就是让创新项目的诸多要素有条不紊。其中包括欲保留的概念、欲利用的资源和项目本身的各要素，即需要完成的事情和其他需要回顾的东西。此外，还有一些外在因素，如截止日期、预算、客户和其他制约等。这些因素在创意的提出、完善与执行过程中相互结合（或碰撞）。

任何创新项目都涉及这些要素，但有时却被忽略了。我们经常试图绕过这些要素（或是忽略这些要素）。当然，这么做无疑会降低想法成真的概率。

在组织方面，最重要却最经常被忽略的要素就是结构。我们对结构心生抵触，认为它阻碍了创意本应有的自由流动。但倘若没有结构，创意就无法交叠累积。结构让我们能捕捉想法并恰当编排，使我们（和他人）得以理解。没有结构，就无法持续聚焦任何一个具体创意，找到它的弱点。结果，应当摒弃的点子被阴差阳错地保留了下来，而需要进一步挖掘的想法却被束之高阁。可以说，结构帮助我们从想法中获取切实的结果。

结构和组织能带来竞争优势，值得细谈。只有借助组织，才能在创造力的喷涌中占据先机。如果开发自我组织和组织他人的能力，就能出奇制胜。

组织的方式与创意的结局

供应链管理是商业中一个繁重的后勤工作，鲜有人关注。沃尔玛和丰田等公司因其库存分配和管理方式被奉为传奇。毋庸置疑，公司的运作方式，尤其是供应链管理方面的一些做法，在一定程度上决定了成本、质量和产品供应。有些咨询公司专注于供应链管理，还有些公司内部设有专门负责供应链管理的主管级职位，这些都体现了企业内部的组织。尽管如此，许多人并没有真正将这些工作与创新和创意联系在一起。

AMR 研究公司是供应链研究领域的领头羊，为众多福布斯 500 强企业提供服务。该公司自 2004 年起每年都会发布供应链管理 25 强企业榜单。令人惊讶的是，2007 年苹果公司刚崭露头角，便在榜单中位列亚军；在 2008 年，更是超越安海斯 – 布希公司、沃尔玛、宝洁和丰田，一举夺魁。

为什么以创新创意和“不同凡响”闻名于世的苹果公司，同时也是世界上组织能力最出色的公司？不管你愿不愿意承认，答案就是——组织是创意得以实现的主推力。

想要产生影响，组织和创意同样重要。请思考以下等式。

创造力 × 组织 = 影响

如果创意的影响力很大程度上取决于组织能力，那么我们会看到，那些极富创造力但缺乏组织能力的人基本上是一无所成的。可以想象，对一个极富创造力却条理混乱的思想家而言，这个等式可能是

$$100 \times 0 = 0$$

这是不是让你想到了什么人？想到那些空有各种奇思妙想，却由于缺乏组织性而功败垂成的人？倘若创造力减半，再加上些许组织能力，这样的人能创造的影响也许会大得多。

$$50 \times 2 = 100$$

这个等式让我们明白为何有些“创造性差强人意”的艺术家的作品比那些极具创造天赋的惊世之才更为丰硕。究其原因，不免令人深感震惊和唏嘘：在我们身边，创造力平平但组织能力出色的人所带来的影响比杂乱无章的创新天才更大。在思考以下若干例子的时候，请先保留自己的艺术判断。

漫步在美国（和其他国家）的休假胜地，你可能会经过“光之画师”托马斯·金凯德的画廊商店。同样地，如果你热爱阅读、航空旅行，或是加入了小说俱乐部，那你也许就曾与詹姆斯·帕特森诸多小说中的某一部不期而遇。二人都是著作等身的创作巨匠。众所周知，他们都雇用了大量员工协助作品的生产和宣发。从这个角度而言，他们都是大企业的领导。尽管二人都拥有大量拥趸，但仍然不断遭到同行中伤，矛头直指其毫无想象力和创造力，高产到令人发指。

帕特森保持着《纽约时报》畅销书榜单的记录——足足高达39本。其个人网站显示，2007年售出的每15本精装本小说中就有一本是帕特森所著。帕特森作品的全球销售量已突破1.5亿本。相关的推广活动更是不计其数，包括“詹姆斯·帕特森读书奖”等营销计划。其出版的几十本书中，也有许多被改编为影视作品。因此，他创立以自己名字命名的詹姆斯·帕特森娱乐公司，同时创作出5部以上广为人知的小说，也就不足为奇了。

行业资讯杂志《出版人午餐》（*Publishers Lunch*）指出，如果将帕特森视为一个独立出版社，“他将在 2006 年畅销书出版机构排行榜上并列第四——领先于大出版社哈珀柯林斯出版集团”。因此，评论家们将帕特森的创作过程比作工厂量产也在情理之中。《华盛顿邮报》（*Washington Post*）知名评论员帕特里克·安德森在一篇评论文章中痛斥帕特森的作品是“糟糕透顶、曲意迎合大众口味、愤世嫉俗且无耻下流的流水线式的产品”。其他评论员也炮轰其小说情节千篇一律。

然而，帕特森却认为自己的成功正是归功于“拥有敏锐的直觉，能觉察到对大众有吸引力的东西”。这种惊人的高效可能源于他早期的阅历。在创作第一本小说之前，帕特森曾任广告业翘楚智威汤逊广告公司的 CEO。多年职场的历练，练就了他非凡的领导和组织能力，成就了其日后写作事业的辉煌。不论评论家如何恶语相向，帕特森依旧以近乎惊人的速度使创意逐个落地。尽管对他创意的评价众口不一，但他的高产毋庸置疑。在上述创造力 × 组织的等式中，他要么是 50 × 100，要么是 100 × 100，其影响力可谓非同凡响。

托马斯·金凯德也同样多产。其画室出品的画作数量令人咂舌。有些人可能会说金凯德的很多作品看起来千篇一律，有些作品在不同场合被重复使用。《叛逆国度》（*The Rebel Sell*）一书称金凯德的作品“可怕至极，若非亲眼所见难以置信”。甚至还有搞笑网站夸张地恶搞这些作品，讽刺其陈腐老套，不过是批量生产的商品罢了。但也许有人会提出异议：金凯德的作品虽然缺乏新意，但无论从生产、营销，还是发行上看，它们都高效且成功。

在创造力 × 组织 = 影响这个等式中，帕特森和金凯德在组织方面都是高分选手，因此，他们在各自领域影响深远。由此可见，等式中的“组织”与“创造力”值得我们给予同样的关注。为什么呢？原因就在于你最终还是想要自己的创意产生足够的影响。

在显示以上等式中组织要素的力量方面，除苹果、金凯德和帕特森之外的例子不胜枚举。在享受孕育创意之乐的同时，也应该花时间磨炼自己的组织能力，挖掘资源，确保想法有序。

对创新人士而言，比起创造新的事物，花费精力推动事物的进展显得比较乏味，这可以理解。我们必须理解组织的价值，并采用创造性的方式，让一切变得有序，而不是违反本性，强加于人。

1.2
行动方法：
在工作与生活中保有行动倾向

头脑风暴时，问题的解决方案在我们脑海里灵光一现，或者全新的事物在悄然酝酿。创意一旦产生，就会被恣意运用并发扬。每个问题和推论都会触发其他不同的甚至不甚相关的想法。一段引人入胜的创新交流之旅就此启程，常常带我们奔赴意想不到的目的地。

但现实是残酷的，头脑风暴的结果常常令人大失所望。当越来越多的想法依次出现时，那些颇有潜力的想法随之在参与者的脑海里逐渐模糊。原本强有力的点子被替代性的想法所击败，而后者并不一定是更好的选择。最终，我们败给了时间，敲定的最终结果要么是最后提出的那个创意，要么是公认的创意。而公认的创意大概率就是把头脑风暴过程中一再被提及的初始想法稍加润色得来的。于是我们稀里糊涂地捧着一堆大杂烩一样的笔记和草稿回到了各自的座位上，茫然无措，不清楚谁该做什么，什么时候要做什么事，在采取行动之前还需要研究或讨论什么。

创意泛滥同创意匮乏一样危险。在想法间摇摆，会分散你的精力，让你无法全身心地深入其中。因此你步履维艰，进展缓慢。一场天马行空的头脑风暴，让各种创意野蛮生长，在电光火石间恣意碰撞，这固然令人振奋，但倘若结构这一要素缺位，参与者有可能沉迷于构思创意，无法自拔。

管理精力才能保证得到实质性结果，第一步就是要意识到自己有沉迷于孕育创意的倾向。尽管孕育绝妙的创意和设想新的可能性会令你乐在其中，但请务必带着一丝质疑的精神审视每一次创意的过程，并确保保持行动的倾向。头脑风暴应该以某个问题为起点，而它的终点应当是捕获某些具体的、相关的且可行的结果。在头脑风暴结束的时候，应当比刚开始的时候感觉更有把握。

兰道尔·施图特曼是美国企业界的资深高管培训师。他常说，伟大的领导者“对未来乐观，但对任务悲观”。在创新领域，领导者必须对新创意的潜力葆有激情，但同时也要关注如何将创意作为项目来管理。

每一个创意最终都与某个项目相关。不论个人项目（如生日宴会的策划）还是专业项目（如新产品的发布），每个项目都应该围绕着想要付诸行动的想法。

准备好，我们要撸起袖子开始干了！“项目管理”这个词令大多数创新人士望而却步。复杂的甘特图和烦琐的程序是大小机构的通病。不同的方法和思维方式带来不同的组织和项目管理模式，其体验可能是糟糕的，也或许令你满意。尽管如此，只有管理得当的工作流程才能使创意落地。所以，请耐心听我解释你应该如何管理各种项目。

我和我的团队观察了成百上千个个人和团队的项目管理过程。这些年来，我们积累了大量诀窍，并开发了一种适用于各个领域的创新项目管理方法——小到私人项目，大到涉及数百名参与者和几十个项目阶段的大企业项目皆可适用。即使最随性的创新人士也可以理解和使用这个“行动方法”。

项目管理方式再思考

行动方法让我们开始质疑许多传统的项目管理做法。将项目当作上级制定并分配的庞大又繁重的目标，再分配给众多下属，这种处理方式已不再适用。在追求创意落地的过程中，传统方法强调计划和一成不变的自上而下的交流方式，这太过简单粗暴，只会适得其反。

我们发现，官僚主义盛行的大型公司拥有烦琐且正式的项目管理系统，即便如此，最高效的员工也会采用一套自创的并行处理方式，更灵活地完成项目。这些自创的系统都遵循了以下一系列共同的原则。

1. 采取行动使创意一路向前

倘若任由事态发展而不加以跟踪，许多创意来得快，去得也快。虽然有了创意，但后续的工作经常淹没在一堆杂乱的笔记和草稿里，这时，典型的创新工具，如空白笔记本，也只会雪上加霜。因此，面对每一个创意，你要做的就是制订“行动步骤”，并加以强调。

2. 可执行的事项必须落实到个人

指定某个人负责后续所有事项，似乎不太奏效。让一个人负责做笔记，然后将笔记分发给团队成员，这使得项目的职责变得模糊——个人责任难以明确。每个人必须“拥有”各自的行动步骤。任务只有用团队每个成员自己的话，亲笔写下来，他们才会熟悉，才更有可能去执行这些任务。

3. 大费周章地记录和整理笔记并不值得

我们发现，笔记鲜被使用，它实际上甚至会妨碍行动步骤的理解和贯彻。冗长的笔记记录过程对行动倾向有负面作用，而后者正是高效的创新环境所必不可少的。如果你及时制订出行动步骤并随后便采取行动，就已经在这场比赛中遥遥领先了。

4. 使用以设计为中心的系统，保持组织井然有序

用于记录行动步骤的材料的颜色、质地、大小和风格很关键。那些历经多年成功开发出高效个人系统的人指出，系统的设计方式让行动步骤看起来更吸引人（因此也更有可能被采纳）。

5. 按照项目的背景，而不是项目发生的地点进行组织

如今的工作不一定都在办公室完成。工作效率的提升也不仅只限于简单地管理好一个收件箱，或是理清“在岗”或“居家”的待办事项。我们发现，优秀创新人士的诀窍是以项目为中心来提高效率，而不是以地点为中心安排工作流程和计划。

而行动方法正是将以上这些原则都考虑在内。

项目基础要素分解

如果对魔术略知一二，那你就会知道最好的魔术往往是那些操作最简便的魔术。悬浮依靠滑轮，漂浮在水面上的钱币依靠细绳牵引，消失的硬币是进了暗袋。所有精彩的魔术都有其“显而

易见”的解释。同样，项目管理的诀窍也是简单且直观的，能帮助你准确地捕捉与实施创意。这种简单高效的方法可以让你花费尽可能少的精力参与并完成任务。

行动方法始于一个简单的前提：万物皆为项目。这不仅适用于大型演讲、正筹备的新活动，也适用于你为职业生涯进步所做的努力（即“职业发展”项目），或是为员工发展所做的努力（每个下属都是一个“项目”。在这些项目中，你记录下每个下属的表现和计划采取哪些步骤帮助员工发展）。管理个人财务是一个项目，处理个人税务或搬家计划也是一个项目。

我相信你和大多数创新人士一样，为了推动所有项目的进展冥思苦想，单是繁重的待处理项目，就是最大的挑战！但是，一旦将每件事作为一个项目，就可以将其分解为若干基础要素：行动步骤、参考项和后置事项。

生活中的每个项目都可以简化为这三个基础要素。行动步骤是具体的任务，助你步步为营，向前迈进。它包括修订和发送备忘录、发布博文、支付电费等。参考项指的是你可能想要回看的任何与项目有关的讲义、草稿、笔记、会议纪要、手稿、网站或正进行的讨论。注意，参考项并不具备可操作性——它们仅仅是你在聚焦某个特定项目的时候参考之用。最后一个要素是后置事项，指的是当下不可执行，但在将来某个时间可能会执行的事项。它们或许是为某个客户构想的创意，但当前还没有经费预算；又或许是在未来某天针对某个特定项目想做的事情。

以针对某个客户的项目为例加以说明：想象有一个以客户名称命名的文件夹。文件夹内装满了大量资料，也许是合同复本、会议笔记、客户背景信息。此外，行动步骤，即你需要做的事情，可能以清单的形式附在文件夹的封面上。后置事项也许被装订在了文件夹的封底上，记录了项目工作过程中一些当前不可执行，但将来可能要去执行的事项。

脑子里有了这个虚拟的文件夹，你就不难想象，自己的大部分注意力将聚焦到封面的行动步骤上。这些行动步骤总是一目了然。每次瞥见文件夹，你就能被牢牢吸引。并且，每天回顾所有项目文件夹的时候，你所做的其实就是在浏览所有待办的行动步骤。

我们称之为“行动方法”，原因在于它激励我们开始在工作和生活中采取行动。每个项目的可执行方面一览无余，其他要素有条不紊，这让我们从容镇定，从而整装出发。

个人项目同样也可分解为这三个要素。如果花点时间看看自己的书桌，你会找到一些留给自己的纸条或备忘录。或许会看到一张待付的家庭账单（“家庭管理”项目中的行动步骤），或是汽车保险凭证复印件（“保险”项目的参考项），或是你剪下来的、将来想去的度假胜地（“度假计划”项目中的后置事项）。

想想生活中的一些项目，这些项目有的可能与工作相关，有的可能与个人相关。这些项目的要素要么在你的脑海里，要么环绕在你周围，如电子邮件的内容、笔记本上的草稿、便利贴上的涂鸦等。行动方法的第一步就是通过项目透镜审视周围的每件事，然后将其分解。

也许你有个剧本创作的想法还在萌芽，准备在将来付诸笔端。如果是这样，将其作为后置事项放在“新剧本创意”项目或更宽泛的“大胆创意”项目中，每年回顾几次即可。有些项目虽然在现实中不会得到过多关注，但它们会帮助储存后置事项和参考项。

当然，你希望某些后置事项有一天会成为行动步骤，反过来催生新的更积极的项目，譬如写剧本。行动步骤是成功的砖瓦。但有时候在人生的某些阶段，你心有余而力不足。因此，让这些包含各种参考项和后置事项的项目暂时休眠也未尝不可。总有一天，这些项目会同相应的行动步骤一道浮出水面。

当处理日常事务的时候，应该随时考虑自己正在做的每件事与哪个项目有关。不论在会议、头脑风暴、文章、梦境、偶然交谈中，还是洗澡时灵光一现，总有一些行动步骤、参考项、后置事项飞快地在你脑海中闪现。而每一件都与一个项目有关。遗憾的是，许多想法很快烟消云散，除非你能够捕捉并恰当地处置它们。

下面将深入探索这三个基本要素及其管理方法。但关键是要意识到生活中的一切事情都是项目，每个项目必须分解为行动步骤、参考项和后置事项。就是这么简单。

诚然，身处数字时代的我们获取信息的方式多种多样。项目也并不总是被保存在文件夹里。事实上，项目是借助多种媒介共同管理的。因此，项目要素以电子邮件、状态更新、文件下载，以及每天保存的大量链接的形式出现在我们面前。尽管如此，行动方法依然适用；每件事也还是属于一个项目。如果对行动方法了然于心，就可以更好地利用线上和线下的工具来组织信息。

行动步骤的重要性

行动步骤是项目最重要的构成要素，是保持项目活力的氧气。没有行动步骤，就没有行动，也就没有结果。所有创意的瓜熟蒂落取决于你归纳并完成，或指派给他人完成的行动步骤。在任何项目中，行动步骤都应被视为备受尊崇的第一纲领。

在研究过程中，我遇到了一位痴迷于行动的领导者，他就是鲍勃·格林伯格。格林伯格是世界知名数字营销公司 R/GA 的董事长。该公司服务的客户包括耐克、强生等公司。格林伯格受到了同事和业界同行的一致赞誉。在关于他的特点描述中，大家用得最多的词是“高效”和“强迫症”。

格林伯格每天早上雷打不动地用一套固定的程序管理每日行动步骤，这个习惯从 1977 年起延续至今。他每天都预留时间处理每日的行动步骤和日程，而且只用特定类型的笔和笔记本。

他向我透露，自己用的是两支水笔（只用百利金牌的）——大一点的是蓝色墨水，瘦一点的是棕色墨水。他就用这两种笔拟定自己的行动步骤，然后用荧光笔在行动步骤的右侧画几条斜线，标注优先次序。“用荧光笔画三条线再加一个黑点是最重要的步骤。”他解释道。格林伯格还用铅笔在行动步骤的页面上方草拟每天的日程，然后再用笔写下 R/GA 公司的今日工作主题。

他进一步解释说：“我用的是两页的方式，里面包含了多张行动清单。清单左侧这边记录的是可以让助理帮忙做的事项，右边是需要自己亲自做的事项。在这个右边……”

从格林伯格的深入阐释中，可以清楚地看到他对这个奇特的自创方式一以贯之，效果显著。

“我坚信，如果不把事情写下来，我们是记不住它的。我知道这听起来很难，但它能帮助我知道具体要做什么。每天我都会做一个新的清单，每天早上把昨天未完成的一些旧事项搬过来，三十多年雷打不动。”格林伯格坦承，这个方法“的确有点强迫症”，但胜在奏效。

格林伯格的方法中涉及的细节——使用的材料、每个事项所用的符号，以及每天制订行动步骤的固定时间，这些都让他能始终坚持自己的方式。毕竟，一种方法只有始终如一地贯彻才能看见成效。虽然每个人的方式都不尽相同，但是最高效的人士会关注惯例中的细节，让自己持续地参与其中。当开发专属的行动步骤管理系统的时候，也要让它有使用“黏性”。

行动步骤是为了推动创意的进展而必须做的具体事情。行动步骤越清晰，执行时的阻力就越小。倘若某个行动步骤模糊或复杂，你也许就会跳过这个步骤，去执行清单上那些更直截了当的步骤。为了避免这样的状况，每个行动步骤都要以动词开头：

致电程序员，探讨……

安装新软件，用于……

研究……的可能性

仿制……样品

更新 XYZ 文档，以……

处理……问题

动词能让我们立刻就知道该采取什么行动。同理，行动步骤务必保持简短。

假设你我在会议场合交谈，我向你描述想要完成的事情，并且用一些图表进一步解释自己的创意。你回答道：“我知道你想做什么。我认识一个人，他能设计出满足你要求的功能的网站，效果非常棒。”说话间，我记录下了一个行动步骤，以跟进你所说的网站事宜，即：

跟进[你的姓名]关于：某人设计的网站有类似功能

可能有同事会说：“我们一起回顾一下旧草案，再考虑考虑早先的那个方案。或许那个方案更好？大家各抒己见吧。”在这种情况下，你写下的行动计划可能是：

打印旧稿，跟进[同事的姓名]关于：备选方案

有时你可能在等待邮件或电话回复。当被动地等待别人采取行动时，你很容易遗忘！如果没有得到回复，你可能要创建一个单独的行动步骤来提醒自己跟进。

行动步骤源于每一次想法的交流。即使最小的行动步骤，也会带来巨大的改变，因为它们能为接下来的行动赋能。遗漏了一个行动步骤，可能带来无效沟通或额外的会议，甚至可能关乎项目的成败。

以下是一些关键诀窍。

1. 随时随地捕捉行动步骤

创意的来源与行动步骤一样，都不仅仅局限于会议。当你阅读文章的时候、洗澡的时候、做白日梦的时候，或准备睡觉的时候，创意都有可能冒出头来。如果你想起一个月前见到的某个项目相关人士迄今为止还未跟进，那么可以设置一个行动步骤“跟进某人关于……”。如果你打开邮箱，看见一份婚礼请柬，此时的行动步骤就是回复。

行动步骤包罗万象，可以将它们视为你要做的（或是指派给他人做的）任何事情，全部记录下来，而不是只关注会议上出现的那些行动步骤。

手边备有便笺本或记录设备可以让你随时记录各种行动。我们的团队开发了适用于苹果手机的在线行动方法，因为用户想要“随时随地”迅速记录行动步骤，并将它们运用到项目中。不论用什么媒介记录行动步骤，这些媒介都必须是随时可用的。你的系统也应该便于日后行动步骤的回顾，让你可以清楚地回忆起自己当时的所思所想。还有最重要的是，你必须始终能够辨别行动步骤和参考项。所谓参考项，就是你可能会一并记下来的日常笔记和不具可操作性的想法。

2. 无人认领的行动步骤将永远被束之高阁

每一个行动步骤都必须由一个人认领。有些行动步骤可能涉及多人合作，但是，职责最终必须掌握在一个人手里。拥有团队或助理的领导者要制订行动步骤，并将其分配给下属。不过即使职责被分配给了其他人，该行动步骤最终还是必须交由最终负责人来认领和追踪。

这么做的原因在于责任落实。只是将待办任务通过电子邮件委派给某一个人并不能保证这项任务顺利完成。因此，即使已经把工作分配给了其他人，也必须将自己全权负责的这些行动步骤保留在清单里直至完成，此时，只要标记该行动步骤已分配给某人即可。例如：

打印旧稿，跟进艾利克斯关于：其他计划（奥斯卡正在执行）

3. 区别对待管理性行动步骤

作为项目领导，除了你且只有你才能执行的行动步骤之外，还必须牢记其他三种行动步骤。第一种是分配行动步骤，这在前面已讨论过。第二种是确保行动步骤。有时候你想要设置一个行动步骤，确保某件事在将来被妥善地完成。与其对着自己的团队喋喋不休，不如设置一个以“确保”二字开头的行动步骤，如“确保戴夫更新文章的新标题”。如果使用数字工具来管理行动步骤，就可以搜索“确保”（只查看以“确保”开头的行动步骤），并花点时间确认这些事项是否已经完成。担心事情被遗漏的时候，比起给团队发送大量的提醒邮件，设置“确保行动步骤”会是一个更明智的选择。最后一种管理性行动步骤是等候行动步骤。给他人留语音信息、给潜在客户发送信息，或回复一封电子邮件后并清空收件箱，这些情况下，如果对方没有回复，你很容易忘记继续跟进。通过设置一个以“等候”开头的行动步骤，就可以跟踪那些待反馈的事项。当通过电子邮件回复某个潜在客户的时候，会设置一个行动步骤，如“等候苹果公司乔的确认：关于咨询”，然后将其保存在“咨询工作”的项目里。在线上任务管理器里，会将目标日期定在一周后。一周之后，系统会提示我跟进。有时，我会以“等候”为关键词搜索所有项目的行动步骤，花一小时跟进所有等候事项。

4. 培养以行动为导向的文化

团队需要以行动为导向的文化以充分利用创造力。要求团队成员将行动步骤白纸黑字地写出来也许让人觉得有负担，甚至有些咄咄逼人。然而，培育一种乐于接纳这种备忘的文化，对确保行动步骤不被遗漏大有裨益。我观察到一些尤为高效的团队，都能轻松地确保每个人制订出自己的行动步骤。除了类似于“你记住了吗？”之类的友好询问,有些团队还在每次会议结束前几分钟，让每个人轮流复述记录下来的行动步骤。通过这种方式，几乎总能发现遗漏的行动步骤或某两个人清单上的重复之处。这个简单的做法能节省时间，可以避免几周之后还搞不清楚谁在做什么，或是忙乱中遗漏了什么。

5. 吸引造就忠诚

在制订行动步骤的机制方面，应该找到最适合自己的解决方案。记住：效率工具的设计会影响你的使用意愿。吸引通常会造就忠诚：倘若喜欢自己的组织方法，就更有可能坚持使用它。因此，一些诸如文件夹颜色或者纸张质量这样的小细节实际上有助于提升你的工作效率。

记者维吉尼亚·帕斯楚在《风格的实质》（*The Substance of Style*）一书中分享了一则关于可用性研究领域大师唐纳德·诺曼的轶事。诺曼认为“有吸引力的事更有效”。当第一台商用彩色计算机显示器问世时，他想证明不买标准的黑白显示器而花大价钱购买彩色显示器的价值。现在看来，这个答案呼之欲出，但在万维网和彩色打印机尚未面世的年代，彩色显示器对于文字处理等功能的价值仍不得而知。诺曼回忆道：“我给自己买了台彩色显示器，拿回家用了一星期。一星期过后，我发现了两件事。第一件事是，我之前的想法是对的，彩色显示器没有绝对优势。第二件事是，我不打算弃用它。”帕斯楚分析了诺曼的这两个发现，给出如下解释：“差别不在于‘信息处理’，而在于‘影响’——全彩显示器影响了人们对工作的感受。”

换句话说，在创意落地的过程中，所用工具的美感至关重要。

维护后置事项

在项目工作中的头脑风暴环节，或者在夜晚驱车的漫漫途中，你可能会想到一些现在还无法实施的创意。譬如，你也许会想到当前项目中的一些举措，但鉴于时间和预算无法执行；或是想到有关新项目的一些模糊的想法，将来可能再进一步考虑。不管哪种情况，如果没有记录下来，并养成一种查阅的习惯，那么这些想法很快就会烟消云散，不知所踪。

你不会将这些内容作为行动步骤记录在册，因为它们还无法实施。而将它们与其他参考项写在一起也不妥，因为将来你也不可能翻阅旧项目的参考项。因此，将这些创意称作“后置事项”，即那些现在还无法实施但将来有可能实施（且值得定期回顾）的事情。

这些羽翼未丰的想法有时就是绝妙的创意。据传闻，风靡一时的歌曲《甜心詹姆斯》（Sweet Baby James）的旋律就是作曲家詹姆斯·泰勒在驱车从新英格兰地区前往卡罗来纳州的长途中脑子里突然冒出来的。为了应对这种突如其来的灵感，泰勒随身携带一个微型录音机，录下旋律的片段或某些创意，需要时可供回顾。路途中，他会拿起录音机，匆匆复述某些点子或哼唱旋律，还会附上与歌曲创意相关的注释。显然，不久之后，当他回放录下的缕缕思绪时，写下了这首歌。

我们是人，不是机器。创造力的喷涌让我们时常突发奇想，但这些想法和行动在当下看来却可能不太合时宜。我们经常会冒出与生活中现行项目不甚相关的创意，然而时机不对并不意味着这个想法在将来也一文不值。

后置事项让你的创意和将来可能采取的行动保持活跃。这对创造力有着至关重要的影响，因为即使是绝佳的创意，由于暂时无法执行，通常也很快就会被抛诸脑后。

1. 设置后置事项

设置后置事项很容易实现，只需在笔记的底部或边上留出一块区域，或是单设一页，记下脑海中浮现的后置事项。如果想要将一整天积累的后置事项集中存储下来，可以将它们归入某个当前项目的条目下（如归入某个客户名下），或者将其置于更宽泛的后置事项文件夹中，以记录与未来相关的创意，如关于书籍创作或创业的想法等。

我见过许多人在每一页笔记的底部画框，开会时将后置事项填入框里，每天结束工作之际将后置事项转移到某些文件夹里，或者录入计算机文档中持续更新。

2. 养成固定的后置事项处理习惯

当然，仅仅将事情放到后置事项清单里还不够。随着时间推移，必须定期回顾并管理这些事项，将其作为一种习惯。我采访过一位创意总监，他的做法是将后置事项录入计算机文档中持续更新和维护。每个月的最后一个周日，他都会把长达 10 页或 15 页的文档打印出来，一手持笔，一手端啤酒，花半个小时编辑这份清单。

他逐一检查每个条目，有些被砍掉，有些被保留，还有些后置事项被转换成了一系列行动步骤。

可以考虑在日程表中设置每月一次的“后置事项回顾”任务。找个固定的时间重温那些不成熟的想法，这些想法有一天可能会改变你的工作或生活。后置事项很容易被遗忘（大多数情况下你应该遗忘！），但还是要时不时给它们添把火。

当重新审视这些后置事项的时候，会发现有些事项摇身一变，成了现实且可执行的目标，而其他事项则逐渐变得无关紧要。有时，一个静静躺在那里很久的后置事项可能为横亘在你面前的新问题提供解答思路。

储存参考项，而非敬奉

项目的第三个即最后一个要素是“参考项”。自打上小学起，做笔记、画草稿，还有保留各种讲义和参考资料形成了我们的行为定式。一直以来接受的训练迫使我们把自己所学的一切，不管相关与否，一股脑儿全记下来，然后在大考来临之际把记下的内容全塞进脑子里。

对许多人而言，这种记录和组织方式其实是一种浪费时间和空间且毫无收益的多此一举。在会议上做笔记，眼看着这些笔记和其他参考讲义、文章混在一起，在书桌上渐渐堆成一座小山。最终找时间将它们“归档”到某些繁复的系统中。这么做又有什么用呢?

即使很少回看参考项，但有组织地储存参考项至少有两个好处：减少杂乱和保持心态平和。微软研究院科学家戈登·贝尔将资源管理运用到了极致，他决心记录下自己一生的个人数据，包括每一封邮件、每一次电话会谈、每一天的面谈（通过头戴式摄像机拍录），甚至个人健康数据（通过心率监测仪收集）。他的这种做法引发了全世界的瞩目。

这些数据是自动记录的，让贝尔在对每项记录知情的情况下继续正常的生活。通过这个实验，他获得了一个关于自己生活的大型参考项数据库。他在《全面回忆》（*Total Recall*）一书中透露，摆在面前的难题就是如何理解这些海量数据背后的意义。贝尔发现，这种记录方式最大的一个好处就是解放了他的“关键信息记忆”，让他能够投入到更多的创新活动和实际行动中。通过抛弃那些不断累积、给大脑带来负担的阻滞物，他变得更加高效。然而，对于那些没有头戴式摄像机，因此必须手动记录和组织信息的人，依然面临着这样一个问题：应该投入多少精力记录和组织参考项呢？

事实证明，大多数人很少去重温这些扰乱我们生活、使我们生活停滞不前的文档。至于回顾以往会议和头脑风暴中得出的一些想法和要点，尽管我们也很珍惜这样的机会，但很少能做到。说句实话，在每日鸡飞狗跳的工作生活中，光是应付各项行动步骤就已经精疲力竭了，更遑论回顾参考项。

因此必须找到方法，如果可能的话借助现代技术来管理项目参考项，将宝贵的精力留给其他可执行的任务。

1. 参考项影响了你的行动倾向

行动步骤淹没在一堆不可执行的事项里不知所踪，这并不少见。你在笔记抄抄写写中花费的精力越多，越容易错失捕捉有价值的行动步骤的良机。即使行动步骤得以记录下来，也会与五花八门的草稿、想法和其他笔记斑驳交织，变得模糊费解。合上笔记本，几个小时之后，行动步骤连同它们可能带来的各种潜在结果都被忘得一干二净。

即使有一个完善的系统协助管理参考项，也应该改掉机械抄写的习惯。

2. 按照时间顺序整理

我见过有些人放弃项目文件夹和精密的参考项管理系统，而是把所有项目的全部笔记或讲义按照时间顺序堆放在一起。在这个在线日程管理应用程序和软件大行其道的年代，找到过往会议的准确时间前所未有地简单。每次会后只要将开会笔记（无须区分各个项目）放在参考项文件堆的顶部即可。每个月将这堆文件按照日期标号装入文件夹。在日历本的提示下，应该能很容易查找到任何过往会议的笔记和其他参考项。这是一种简单又高效的方法，帮助我们找到某些具体项目的笔记。它无须花时间分类归档，同时还能避免蒙尘的档案材料占据空间。

3. 感受参考项的处理流程

假设发现有一篇文章、笔记或一个网站在将来可能有用，采用以下步骤能让你在需要的时候很容易地找到相关参考项。

提问。“这个参考资料有何意义？出于什么目的才会在某个时间点回看？”如果无法回答以上问题，就扔掉这个材料！有些人声称他们必须把东西写下来才能学会和理解。这倒没关系，但可以考虑把笔记丢掉，只保留行动步骤即可。

不过，如果这个事项很重要，必须保存以备日后使用怎么办？

贴标签。你得问自己：“我该怎么标示这个参考项，日后才能凭直觉很快地找到它？”如果选择按照时间顺序归档，只需要贴上日期标签。否则就要考虑什么样的项目名称最恰当。

归档。如果用的是纸质系统，就将参考资料放在相应的文件夹里（如果选择按照时间顺序并搭配日历的方法，就放在文件堆里）。我们发现各行各业中都在广泛地使用优秀的软件和在线应用程序。譬如，印象笔记（evernote.com），是一个线上应用程序，它让用户可以拍摄快照、快速记录文本或语音信息，然后按照标签（项目名称）存储这些信息。彼罕思的在线行动方法应用程序也内置参考项管理器，可按照项目存储文本和网址。谷歌、苹果等公司开发的在线应用程序也可以按项目组织存储参考项。

践行行动法

行动方法将项目管理简化为最基本的几个要素，让你可以把精力投入诸如实际完成任务和取得实质进展这样的重要事项中。启用行动方法的最佳方式是采用行动方法的透镜来审视当前正在做的一些项目。试着将每个项目视作由行动步骤、后置事项和参考项这三个要素构成的整体。

现在，花点时间思考一下你生活中的两个“项目”：一个与家庭或住所相关的个人项目，一个专业项目。考虑这两个项目下的行动步骤，即需要做什么。这些行动步骤是不是分散在收件箱中静静躺着的消息里？或是在笔记本或日志里？还是在纸巾上画着的草稿里？

这些项目里有没有后置事项？有没有参考项？它们是堆在办公室里，还是藏在某些文件夹里，无从寻觅？

请牢记以下几点。

1. 行动步骤必须与电子邮件分开管理

你是否曾发现自己反复阅读相关电子邮件，竭力在实际行动时提炼出行动步骤？电子邮件会扼杀效率，原因就在于从中获得的行动信息总是与参考项杂糅交织。这样，行动步骤就隐匿在电子邮件中，而后逐渐淹没在一封封电子邮件的海洋里。因此，行动步骤应该有属于它们自己的独立空间（或系统）。后面将探讨如何配合使用电子邮件与行动步骤管理系统。

在采取行动这方面，工作和个人生活会发生冲突（但是没关系），人们习惯于将个人生活和职业生活中需采取的行动区分开。工作中，悉心整理的“待办”清单和各种应用程序的加持使你如虎添翼，但回到家后，还是习惯性地在冰箱上贴便利贴作为提醒。然而，通过对高效人士的观察发现，不论环境有何不同，行动步骤就是行动步骤。优先处理的事项可能有变动，但是用同一个系统处理所有行动事项是最佳选择。配备移动端版本的全新在线任务管理工具让你无论身在何处，都能随时查阅和处理生活中的行动步骤。你可以随时随地通过同一个系统安排行动步骤的优先次序（并完成行动步骤）。你还会发现，当工作和私人行动步骤交叉时，你和你的团队更有可能完成工作相关的行动步骤。

2. 行动只有在被接受的情况下才真正“指派到位”

尽管许多项目管理方法都支持多人共享的“待办”清单，但只有在团队成员选择接受被指派的行动步骤的情况下，才能实现真正的“责任到人”。不仅要让所有团队成员（或至少是其中一两名同事）知悉工作任务的进程，而且还要让他们积极地接受或拒绝你分配的行动步骤。这种虚拟的“握手互认”建立了问责制度，同时移除了模棱两可的行动步骤——这些步骤在任何项目中都臭名昭著，是致使项目进展滞缓的罪魁祸首。

通过电子邮件交流行动步骤的团队会认同某种形式的接受或确认的必要。倘若有同事发过来的行动步骤不清晰或不准确，应该表示反对并寻求对方进一步的澄清。这么做能避免行动步骤界定模糊。对于那些使用纸质清单和墙壁图表的团队，最佳的做法就是让所有成员（亲笔）写下自己的行动步骤，甚至包括分配到的任务。这么做意味着理解和接受。不管用什么方法管理行动步骤，关键是你（还有项目伙伴）只有在行动步骤清晰且可执行的情况下才能接受它。

3. 连续任务处理优于多任务处理

同时完成两项行动步骤是不可能的，这意味着所谓“多任务处理”是一种普遍存在的谬误。但是，在所有项目的行动步骤都得到准确界定和科学组织的情况下，可以很容易地同时关注多个项目。不过，必须做到尽量快速地在项目之间切换，尽量不要在这个环节花费无用的时间。要做到这一点，秘诀就在于将每个项目的要素充分分解。

采集要素与安排处理时间

每天的会议、头脑风暴和其他创造性场合中，都会积累一些行动步骤、参考项和后置事项。讲义、邮件、零散的笔记、社交网络信息逐渐在你身边堆积。通常这些东西几乎是一被创建和接收，就被淹没在笔记本、口袋、电子邮件收件箱和计算机文件夹里。

理想情况下，在笔记里将行动步骤与其他东西分开记录。尽管如此，仍需要时间处理加工，即回顾每日的笔记和沟通情况，并将它们提炼为几个基础要素。对那些还在使用纸质笔记且喜欢看得见、摸得着的项目管理方式的人来说，他们也许会用实体收件箱，其中堆放着一大堆尚未分类的东西。多数的效率框架——像大卫·艾伦在《尽管去做》（*Getting Things Done*）中提出的——都建议为你积累下来却无法立即执行或归档的事情设置一个中央结算中心。这个收件箱并不是事项的最终去处，而是待处理事项的中转站，一整天繁忙的会议可能会令你无暇着手行动或归档文件。

每天如潮水般涌进来的数字信息又该怎么办呢？这些信息主要流向电子邮件收件箱，但有些信息也流向了其他线上应用程序。尽管办公桌上摆着的实体收件箱收件方式单一，数字收件箱却是愈发集成式的。最理想的方式是，调整社交网络程序设置，将信息转发到电子邮件收件箱以便汇总。当处理这些信息的时候，尽量避免有过多的需要查看之处。如果无法将电子邮件和其他数字通信信息聚合到一处，就需要明确自己的集成数字信息收件箱由几部分构成。譬如，我的集成数字信息收件箱包括电子邮件系统（用于接收其他网络上的信息）、推特聚合器，以及任务管理应用程序里的收件箱（用于接收 / 拒绝来自使用同一应用程序的同事的邮件，然后按照项目分类管理这些信息）。到了处理信息的时候，就必须查找这三个数字化场所和办公桌上塞满文件的实体收件箱。

由此可见，21 世纪的“收件箱”五花八门，因人而异。在开始处理信息之前必须具体界定自己的集成收件箱是什么样的。只有对信息的位置了如指掌，才能胸有成竹、心平气和地确保效率。集成收件箱给你吃了一颗定心丸：“别担心，所有的东西（还有相关的行动步骤、后置事项、参考项）都在一个明确的地点，等着你，随时供你整理。”

在数字化生活方式的背景下，缺乏规制意识会危及你处理收件系统的能力。原因在于：在移动设备畅连的时代，信息的发送易如反掌。因此，我们不能持续地集中注意力；无休止的来电、电子邮件、文本信息、他人打扰，更别提其他网络服务平台的信息推送，这些都让我们败下阵来。因此，必须摆脱所谓的“被动工作流程”，这一点相当重要。

“被动工作流程”指的是：仅仅对涌入收件箱最上层的信息做出反应而阻滞了进展的现象。你花了很多时间，只能勉强应付不断涌入的新信息，却没有将关注点放在最重要的可行事情上。被动工作流程阻碍了你充分调动自己的能量。其实，处理的过程中需要一些规制，同时也需要围绕关注点设置屏障，使之与其他干扰隔绝开来。正是出于这种考虑，许多领导者选择在夜深人静或工作的喧嚣逐渐退去之际处理信息。

花在处理信息上的时间可以说是一天中最有价值和最高效的时间。在处理过程中，你能厘清头绪，并区分行动步骤、后置事项和参考项。有了行动步骤，就可以决定什么事情可以快速完成，什么事情必须按照项目进展持续跟踪或指派给他人。而有了另两项，就能判断什么要丢弃，什么要归档。

当着手处理集成收件箱的时候，你会意识到任何收件箱，就其本身而言，都是一个很糟糕的行动管理工具。它难以将行动步骤同参考项和其他的干扰事项分开。鱼贯而入的电子邮件当然没有办法解决这个问题。但除了电子邮件之外，你也许还会接收到来自推特、脸书等其他类型的信息。这些信息中，有些是可操作的或者包含可操作元素的，其他则仅供参考（或博人一笑）。

鉴于信息的不断涌入，单独捕捉和管理行动步骤是一个出路。尽管也有形形色色基于电子邮箱系统的行动步骤管理和排序技巧，诸如“行动子文件夹”之类，但最佳的方法还是为行动步骤寻求独立的一方净土，按照项目加以管理。按照行动方法理论的要求，行动步骤必须与沟通交流信息分开管理。管理方法可以简单到只用一张电子表格或待办事项清单追踪所有的行动步骤（可按照项目名称或截止日期归类），也可以借助更先进的项目管理应用程序，这种程序能管理行动步骤并支持任务下放与合作。这样就能避免可操作事项淹没在千百封烦冗的电子邮件的海洋里，与七零八落的消息混杂。

对于那些通过电子邮件管理行动步骤的团队而言，与执行相关的电子邮件的主题行应以“行动”开头。与参考项相关的电子邮件，则应以“供参考”开头。通过与同事建立通用的表述，每个人都能利用这些关键词，来归类整理电子邮件收件箱，并查看行动步骤。

感受行动方法的流程

每天都有源源不绝的点子、笔记和沟通信息涌入你的集成收件箱。在一天中指定一个处理时段，将这些事项分解为行动步骤、后置事项和参考项。你需要将每个事项与某个项目挂钩——无论是与个人还是工作相关，随后，有些行动快速地完成了，而有些更长期的行动步骤则被添加到相应的项目任务清单或任务管理应用程序里，并加上了项目名称（必要时还需要加上截止日期）。后置事项被添加到相应的文件夹或清单中。至于参考项，要么被丢弃，要么按照项目或时间顺序被储存起来，如图 1–1 所示。

捕捉！不厌其烦地捕捉行动步骤。在头脑风暴、会议或忙碌中，你的脑子里都会冒出一些创意。这些创意除非分解为行动步骤，并用具体的动词表达出来，否则将烟消云散。可以依据个人喜好使用笔记本或科技手段来收集它们，但尽量将行动步骤与参考项和后置事项分开，避免混杂。有些人习惯一整天持续地给自己发送电子邮件，有些人则在移动设备上采集任务，并自动与线上任务管理工具同步。不论选择什么方法，关键是要能够凸显行动步骤，并将其与其他内容分开，单独管理。

如果发现了待分类的小纸片或包含行动步骤、后置事项和参考项的未归档邮件，将它们放入收件箱以待处理。

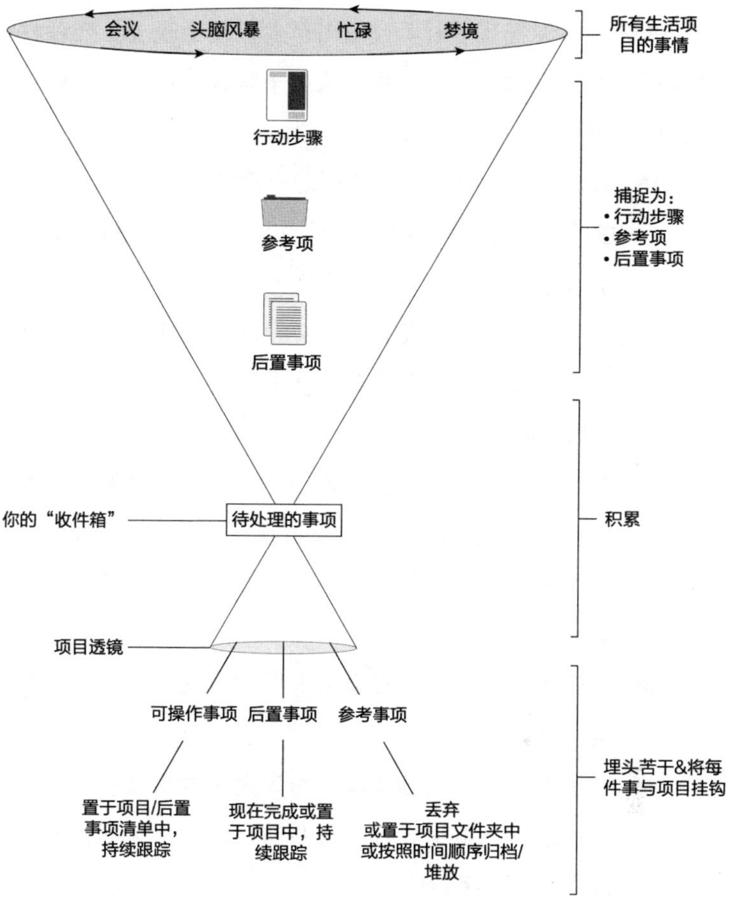

图 1–1 感受行动方法的流程（从创意的产生到基础要素的采集、处理，再按照项目管理这些要素）

确认你的集成收件箱。除了实体收件箱之外，还会有电子邮件收件箱等其他数字信息来源。将需要管理的各种数字收件箱整合，并确认所需管理的收件箱数量。

处理！每天花几小时（或每周至少花几个晚上）处理收件箱的内容。翻阅回顾文件堆（或电子邮件清单）的时候，注意区分可操作事项与非可操作事项。

- 如果是可操作事项，就明确行动步骤。可以迅速完成的行动步骤（如打一个简短的电话或支付账单）立即完成。大卫・艾伦称之为“两分钟法则”——能在两分钟内完成的事情必须即刻完成。毕竟，把这件事录入你的系统大概就需要一分钟，所以为何不当下就解决呢?
- 不论使用什么行动管理系统，都必须始终保持一致的行动步骤记录方式，并且将行动步骤与项目挂钩，标注截止日期（若有）。这么做为最终的效率奠定了基础。
- 将后置事项归入后置事项专属文件夹，标上恰当的项目名称。
- 尽量抛弃无用的参考项，因为大多数讲义和笔记最终永远不会重见天日。需要储存的参考项则按照项目或时间顺序归档存储。

1.3

优先次序排列：在各种项目中管理自己的精力

无论充满活力的创造性项目，还是烦琐复杂的后勤项目，将其分解为几个要素之后都会更便于管理。一旦将工作（和生活）作为一系列行动步骤、后置事项和参考项来处理，就必须决定从何处着手。因为人一次只能聚焦一个行动步骤，所以必须进行优先次序排列。它有助于我们循序渐进，并保持长期目标的势头。优先次序排列是一种力量，它依赖于合理判断、自律，以及一些来自他人的正面施压。

时刻关注你的精力谱线

我曾同《从善》杂志（《GOOD》）的发行人马克斯·肖尔和他的团队交谈了一下午。该杂志是一本专注于慈善公益的月刊，团队成员是一群真正的理想主义者。他们既要竭力完成每项任务，又对完美孜孜以求，所以如此繁重的工作量总让他们不堪重负。正如肖尔所言："在这儿，我们讨厌一切浪费。但是我们的创意太多，因此浪费了大量的精力。"

如果你有满脑子创意，也许会倾向于同时启动或参与很多项目。然而，从捕捉和组织各项元素，到真正将你的创造天赋用于解决问题，再到行动步骤的完成，这些项目可能需要耗费大量的精力。精力是一个人最宝贵的所有物。不论是谁，精力都取之有限。恰如计算机运行能力受存储器（或内存）配置的限制一样，每个人都有自己的极限。

当决定将自己宝贵的精力倾注到哪里的时候，可以将所有项目置于一条精力谱线上。谱线从最左端“极高”的层级开始，逐渐衰减至最右端的“空闲”，如表 1–1 所示。该给当前的各个项目分配多少精力，便可一目了然了。

表 1–1 根据各项目应分配的精力层级将其沿精力谱线排布

极高	高	中	低	空闲
2.0 版本	AMO 公司销售页面	团队博客 图书计划	财务管理 办公室翻新 重设地图	剧本 图表 1.0 版本

在任何特定的时间点，可能存在若干个应该给予高度关注的项目，而其他项目在当前的重要性可能只有前者的一半，甚至无足轻重。若要将这些项目沿精力谱线排布，这些极其重要的项目将会被置于最左端“极高”的位置，而其他项目则按照重要性递减的原则依次往右排列。记住：项目沿精力谱线排布的顺序并不取决于你在该项目上投入多少时间，而是基于项目的重要性来决定该分配多少精力，并照此排列。

置于精力谱线左端“极高”区域的项目应是当前最重要的项目，值得花费大部分的精力。项目应该按照其经济价值和战略价值排列。人们倾向于在有趣但可能不太重要的项目上投入大量时间，但这类项目其实不值得投入那么多精力。精力谱线的概念就是为了纠正人们的这种行为倾向。

沿着精力谱线浏览所有项目会引发一系列问题：你花费多少时间做什么事情？你的关注点是否正确？

创新企业日不暇给，难以追踪精力和精力在哪儿消耗。而精力谱线恰好提供了一种简便的机制，帮助测量和调整团队的精力分配。我们见证了许多人借助类似的理念，按照主次将生活中的项目可视化。只消花费几分钟时间思考精力谱线，就能了解自己每周、每天，甚至每小时的精力是否得到了恰当的管理。

此外，精力谱线练习还能帮助团队在项目主次上达成一致。有些团队会围坐在公告板或写字板周围，一同将所有主要项目的名称写在小卡片上。然后按照项目重要性和所需的集体关注程度将这些卡片沿着精力谱线排布。一开始，你可能会发现谱线中靠近“极高”区域的项目数量太多。这是一种正常现象，因为每个项目都需要团队内不同成员不同程度的关注。这种分歧是有益的，它能帮助团队运用集体智慧共同进行优先次序的排列。

为自己制定精力谱线的时候，你可能会进退两难：必须决定什么任务需暂时以低能量的形式运行一段时间。所有团队，无论是否采用精力谱线训练，都应该探讨和磋商精力分配问题。精力是一种有限的资源，但人们往往疏于管理。

如果每一个行动步骤都隶属于一个项目，并且项目都按照能量分配计划排布在精力谱线上，那么你就有了清晰的方向，知道应该先执行哪些行动步骤、该如何规划时间。

紧急性与重要性之间的调和

尽管精力谱线能帮助我们分配各个项目的能量，可一旦突发意外或紧急事件，肯定还是会偏离计划。紧急事件一般总会被火速处理。即使事态不那么紧急，或者事情并不在自己的职责范围内，我们还是习惯性地亲力亲为，因为它们似乎总是比那些长期项目的相关事项更火急火燎。作为创新项目的领导者，我们总是有一股速战速决的冲动。我将其称为“创新者的迫切”。这是一种罔顾问题和行动任务的大小，一旦出现就立即处理的本能，类似于母亲照顾新生儿的本能。然而，如果只是被收件箱里刚收到的最新邮件或是用户来电牵着鼻子走，追求长期目标几乎是不可能的。

所幸我们还是能找到办法，在不牺牲长期目标进展的情况下管理紧急事项。要做到这一点，必须从正确的分门别类、价值趋同和重视“清晰明确”的力量三方面做起。

只要用过自动提款机或手机，那么你就已经使用过沃克数码公司开发和注册版权的技术了。沃克数码发源于一个研究开发小组，如今这个由 70 人组成的公司已开发出了跨越技术行业的各种创意，并成功注册了专利。作为一个极富创意的公司，沃克数码团队始终致力于新创意的开发，也免不了受到“创新者的迫切”之影响。然而，令公司管理层引以为傲的是，他们能够在日常高效运转的同时以前瞻性的心态持续创新。

在任何时刻，公司里都有一半员工在构思新创意，另一半负责管理和授权专利。在这种情况下，有人可能会认为，在事关公司运营的紧急事务面前，长达数年的研究项目在精力分配方面可能占据下风。然而事实并非如此。沃克数码过往的历史显示，尽管日常事务应接不暇，公司还是做到了对长期项目的持续关注。

公司总裁乔恩·艾伦塔尔坦承，兼顾新创意开发与公司日常运营这二者相当困难。他解释道："开发和运营是两种本质上迥然不同的事情。企业经营者的紧箍咒几乎如影随形。面临下一步该做什么抉择的时候，今天必须做的事情总是会战胜明天可能要做的事情。"换言之，每日层出不穷的紧急业务与更为重要（但不那么紧急）、却可能被一再延期的事项之间存在巨大的矛盾。如果没有一定的规则，公司很快就会陷入每日形形色色的"紧急事项"的泥沼中，逐渐与成功背道而驰。

沃克数码独特的企业文化也许能解释它为何能坚守对长期项目的关注。首先，这是一家私有企业。"正常情况下，没有哪个投资者有这个耐心将创意转化为专利。"艾伦塔尔解释道。在专利事务领域投入的时间和开销可能会让普通投资者退避三舍，但对沃克数码的员工而言，这反而强化了创意的价值。"我们在创意转化为商业财富方面倾注的努力鼓舞着大家坚持自己的创意，并将其置于首位……每个人都明白，一个创意对我们而言意味着多大的价值。"

对创意的潜在价值的共同尊重赋予大家力量，让他们在日常运营事项对创意产生干扰时挺身而出，仗义执言。令艾伦塔尔及其行政团队尤为引以为傲的是公司畅所欲言的氛围。艾伦塔尔的同事、首席营销官雪莉·伯金解释道："我们强调清晰明确的价值，这让我们在某些事情不合理的情况下能战胜恐惧，直言不讳。"对一个坚持企业运营和创新长期两手抓的企业，对清晰明确的推崇，让其得以就精力分配问题保持持续且健康的讨论。

沃克数码公司上下对创意价值的共同认定，以及矢志不渝地追求清晰明确的企业文化赋予了员工力量，让他们在长期项目研究中能够隔绝影响，为自己找到一方天地。公司的架构使半数人员能够专注于长期目标的追寻，另一半人员监督专利管理的法务和运营事项。正是这种精确合宜的文化令沃克数码能够在追逐长期目标的道路上无往不利。

不论独立工作还是在团队（或公司）里工作，首先要做的就是区分紧急事项与重要长期事项。尤其是在创造性的环境中，重要项目经常需要大量的时间投入和长久的坚持。身边层出不穷的“紧急”事件，如客户的日常问询、待付的账单，还有五花八门的问题和差错等，都是干扰长期目标的潜在威胁。如果是你一手创立的项目，问题就更复杂。作为项目的组织者，你感觉自己是主人翁，这令你心生想要即刻解决所有任务或问题的强烈冲动。

人们往往过分关注“解决出现的问题”。怎样才能不被紧急任务牵着鼻子走，坚持长期目标呢？答案就是进行优先次序排列。想要做到这一点，就必须遵循一些规则，并采用一些能帮助分门别类和集中精力的方法。

以下建议可供参考。

1. 使用两张清单

设置两张清单用于组织自己每日的行动步骤和精力分配。其中，一张清单用于紧急事项，另一张用于重要事项。长期目标及其相关事项的优先次序值得单独用一张清单列出，而不应该与那些耗时的紧急事项对峙。有了两张清单后，就可以预留不同的时间段，分别处理每张清单上的事项。

2. 选择 5 个最重要的项目

必须要意识到，妥协是必需的。有些人将重要事项清单的范围缩小到 5 项具体的事情。家庭事项经常位列其中。此外，还有其他一些需要每天关注的具体项目或爱好。对这样的清单而言，最重要的反而是不在清单上的事情。一旦突发紧急状况，你手头正在做的“重要”但不在清单上的事情就该被搁置。你可能会惊讶地发现，自己竟然花了如此多的精力在清单之外的事情上！

3. 设置每日“关注区”

我们这款名为“在线行动方法”的在线效率管理应用程序上线大约 10 个月之后，有位用户建议团队在应用程序里设置一个专门的“关注区”，每日从所有项目中筛选出 5 个当日计划关注的行动步骤拖入该区域。这样的安排意味着，不论当天发生了其他什么事情，在上床睡觉之前都必须清空关注区。保持关注事项清单的简短，这样更便于我们不断审视每日活动，确保集中关注更重要的事项。

4. 不要沉湎

突发紧急事件通常会引发焦虑。即使在采取了行动之后，人们依然会对眼前所有挑战所带来的潜在负面影响耿耿于怀。忧虑不仅浪费时间，还会让我们分心，令我们无法将注意力重新聚焦到重要的事情上。因此，处理紧急事项的时候，要将其分解为行动步骤，一旦完成这些行动步骤，就要重新进行精力分配。

想想自己的忧虑是不是杞人忧天，这也有助益。我们经常心生无名困扰，但实际上自己根本就无力回天。一旦采取了行动解决问题，就要认识到事情的结果已经不在你的掌控范围内。

5. 不要大包大揽

即使已经将行动职责分配给他人，你仍会发现自己在突发紧急事件的时候可能会把这些事揽到自己头上。你心系某个项目，因此总想要亲力亲为地解决相关问题。譬如，有客户发来一封邮件，涉及一个日常问题。尽管处理这个问题是团队内其他成员的职责，但你也许会想："哦，这其实很快就能搞定，我自己处理就行。"渐渐地，你的精力就会从长期目标的轨道上偏移。据我观察，把紧急事项都揽到自己头上是那些在职业生涯早期就获得成功的专业创新人士身上最具破坏性的习惯。在这种情况下，必须逼迫自己将紧急事务的职责下放。

6. 设置职责网格

如果有合作伙伴，可能需要共同分担各种任务，以提高效率。有些团队设置"职责网格"，以实现任务分割。这也是我在高盛集团时与团队其他主管共用的一种工具。图表首行（水平X轴）里列出团队成员的名字。然后在左侧首列（垂直的Y轴）写下每周的日常事务。在每一个团队成员（首行列出）与其负责的事项（首列列出）相交的网格里打钩。

譬如，对一个小型应用程序开发团队而言，事件清单也许会包括"销售折扣或团购折扣的咨询""用户故障报告""丢失数据报告""新功能特点建议"。作为一个团队，成员要浏览每个人对应的表格栏，确认每个人负责的事项。这个表格一旦完成并获得一致通过，就能够提供关于允许谁（更重要的是，不允许谁）就相关事情做出回应的信息。这个练习本身不仅有助于遏制每个人眉毛胡子一把抓的冲动，而且还能精简团队的各项行动。

表 1-2 使用职责网格确定谁需要 / 不需要介入各个事项

职责网格：谁参与什么任务？

事件或情况	布里塔尼	艾利克斯	斯科特
客户需要讨论账单或索取新的账单复印件	√		
用户报告与版权或垃圾邮件相关的侵权行为	√		
用户报告再次（三次 / 四次）侵犯版权的行为	√		√
500 强公司咨询产品集成事宜		√	√

7. 创造无干扰的时间窗口

在充斥着畅连科技和畅聊通信的时代，想要实现长期目标，就必须创造时间窗口，让自己心无旁骛地专注于项目上。默林·曼恩是效率网站 43folders.com 的创始人，一直以来呼吁大家要“为创造找时间”。他因请求众人不要给他发电子邮件（事实上，他拒绝通过电子邮件回复任何意见或要求）而广为人知，这么看来也在情理之中。多年来关于效率和生活妙招的写作经验告诉曼恩，受干扰程度与被人找到的难易度成正比。

我采访过的许多人，他们每天都会留出一些时间段（通常是夜深人静或晨光熹微之时）作为推动重要事项进展的黄金时刻，因为这些时段通常较少有紧急事件干扰。苹果电脑有一个名为“空间”的标准化桌面功能，该功能能让用户改变桌面视图，一次只显示某些特定的应用程序。我见过一个类似的普遍做法就是将电子邮箱和其他所有通信应用程序置于同一个空间，然后在写作或处理项目的时候将这些内容隐藏到另一个不同的空间。如果不用苹果的空间功能，也可以直接在每天的特定时段尽量减少使用（或禁用）所有的通信应用程序。

当然，这种做法不仅需要严格的规范，还需要有从被动工作流程中抽身的能力，即不能总是被主动找上门来的事情困住。然后，再借助无干扰的时间窗口夺回主动权，重新专注于自己认为最重要的事情。

达尔文式的优先次序排列法

当然，我们并不总是能够管理好自己的精力，并自行决定哪些事是紧急事项，哪些是重要事项。尽管我们尝试给这些行动任务分类，但是焦虑和其他情绪可能会在我们确定各种行动和决定优先次序时干扰我们的判断。如果愿意，我们身边的人，包括同事、客户、朋友和家人，都可能为优先次序排列提供积极的天然助力。我将此称为“达尔文式的优先次序排列法”，因为它的运行机制就是基于物竞天择：我们听到关于某些事的消息越多，就越有可能关注这些事。这个过程还有另外一种不那么招人待见的叫法，叫作“唠叨”。

许多团队依靠唠叨的自然力量和同伴压力，优化各项目间的排序和能量分配。总部位于纽约的创意机构布鲁克林兄弟就是其中翘楚。该机构的高级合伙人盖伊・巴内特和斯蒂芬・拉特福德共同管理着一个规模不大但尤为多产的团队。团队的服务对象包括客户和集团内部的创新企业，产品五花八门，从巧克力棒到儿童读物不一而足。

“我们有很多奇思妙想……这儿就是一个创意工厂……但这些创意中只有不到 10% 得以开发。”拉特福德解释道。在连珠炮似地抛出有关项目管理工具和创新过程的问题之后，我惊奇地发现这两个领导对团队的管理方式是放养式的。他们没有使用先进的项目管理系统，而是只在必要时才召集会议（此外，也没有常规的打卡）。聊到一半，巴内特身子往前一倾，一语道破天机：“我们这儿的经营管理秘诀再简单不过了：就是唠叨，像机器人一样把事情重复 1000 遍……对我们而言，最佳的做法是唠叨中不失幽默。围坐在桌前，感受彼此的责任……如果大家被你唠叨烦了，自然就会去做，因为想让你闭嘴！”在布鲁克林兄弟公司，开放式的办公桌布局让大家更容易站起来，迅速（唠叨）提醒彼此即将到来的截止日期或会议。这种能量排序和管理方式听起来似乎有些混乱、嘈杂，然而令人大跌眼镜的是，大量高效的团队对此深信不疑。

我发现，唠叨作为一种优化能量优先排序的积极力量同样也适用于其他行业。罗杰·伯科威茨是合法海鲜的首席执行官。该公司市值达 2.15 亿美元，雇佣员工超过 4000 人。伯科威茨在接受《公司》杂志采访的时候阐述过唠叨对自己的工作方式大有裨益。“想要我做事……必须不断提醒我。”他解释道，“这就是唠叨管理法。”

依靠唠叨，甚至鼓励唠叨的做法乍一听可能很烦人。当你试图沉浸在一个创造性的项目中，却总是被其他的一些事情一再打断，这可能会让你不胜其烦 。然而，应付令人手忙脚乱的会议，竭力在繁杂的项目要素中分清主次的同时，有人从旁唠叨，能帮助你利用物竞天择的法则进行优先次序排列。如果有人因为什么事情一直追着你不放，那么你有可能已经成为团队效率的拖油瓶。给每个项目分配精力的时候，通常很难知道自己的决定对他人有何影响。你清单上的某些行动步骤可能会因为众人的要求而逐渐变得比其他行动步骤更为重要。唠叨是一种借助集体智慧确定事项的优先次序以提升效率的力量，前提是要有支持唠叨的团队文化。

1.4
执行：一往无前

天才就是 1% 的灵感加 99% 的汗水。

——托马斯·爱迪生

托马斯·爱迪生这句话在创新界可谓至理名言。执行，当然最重要就是要付出汗水。组织项目的各项要素、安排时间、分配精力，再到百折不挠地完成行动步骤，这些工作在创意开花结果的过程中占据了半壁江山。

不过，在沿着项目运行的轨道前进时，我们很容易在“项目平台期”迷失方向。当各种行动步骤扑面而来，我们无法招架，也看不到尽头时，就会意识到自己已经陷入项目平台期。创意诞生的那一刻，我们自然会充满干劲、全情投入，因而也愿意容忍执行过程中偶尔的痛苦。但这种高涨的情绪也仅限于初始阶段，随着行动步骤不断累积，与其他手头正在开展的任务争分夺秒，蜜月期很快便过去了。当我们意识到创意带来的责任，以及单是执行这些创意就要做多少工作的时候，它们就逐渐褪去了吸引人的光环。

逃离项目平台期最简单、最诱人的方法是投入另一个新创意的怀抱，但这也是最危险的尝试。全新的创意能够让我们迅速找回精神振奋和全情投入的状态，但同时也会让注意力变得模糊。随着一颗新星冉冉升起，我们对原有创意的执行力度开始减弱。最终会导致什么结果呢？一个充斥着废弃创意尸骸的平台期。尽管创新工作的精髓之一就在于不断孕育新创意，但是片面地追求新创意常常也是导致半路折戟的罪魁祸首。

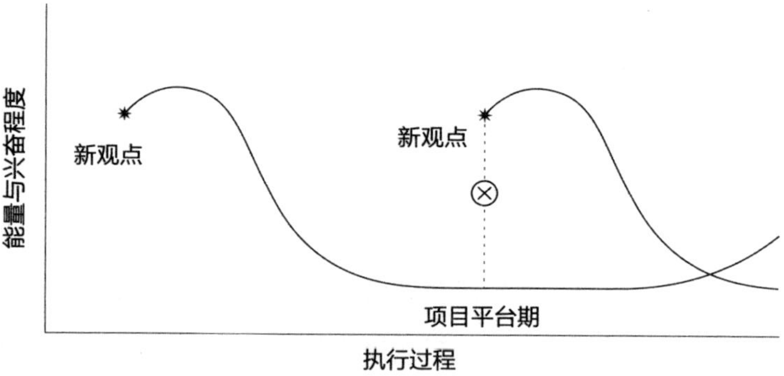

图 1-2　避免通过开发新观点来逃避项目平台期的低迷

要让观点开花结果，就必须在穿越平台期的过程中，锻炼自己百折不挠并获得发展的能力。你必须重新审视自己的执行方法。保持专注和给自己充电的力量并不是与生俱来的。要使创意真正落地，归根结底就在于自律和行动方式。

前面提到，行动方法是处理项目最有效的方法，并且应该以行动为导向来应对生活中的事项。但为何我们在真正采取行动的时候总是步履维艰呢？

拖延症的原因五花八门。除了不愿意对已有创意采取行动，转而寻求更多新创意之外，还有一个阻碍行动的原因就是恐惧。我们害怕被拒绝，害怕被妄下定论。许多包括小说家在内的艺术家们坦承，他们没有与他人分享那些不成熟的项目，并一再拖延的原因只是自己“还没有准备好”。可要是总觉得万事欠妥怎么办?

有时为了一再拖延，就会诉诸官僚主义行为。官僚主义就是人类渴望在行动前获得完全保证的产物。当不想采取行动的时候，就会找各种理由等待，美其名曰“等待批准”“遵照程序”“深入调查”“建立共识”，其实不过是“等待”的幌子罢了。然而，即使下一步骤仍然不明确，厘清头绪的最佳方式还是采取循序渐进的行动。执行的关键就在于不断行动。

无把握行动

事实是，创造力既与天马行空的天赋无关，也与效率无关。为了发现少数有效的创意，你必须尝试大量无效的创意。这是一个纯粹的数字游戏。

——罗伯特·萨顿

斯坦福大学工程学院管理科学与工程系教授

在没有把握的情况下迅速采取行动，这与传统智慧中“三思而后行”的观点相悖。但对创新人士而言，等待有把握再行动可能要付出难以承受的巨大代价。等待会让我们的热情冷却，同时也更有可能让另一个新观点取而代之，占据我们的注意力，耗费我们的精力。此外，如果在大量分析的基础上倍感胸有成竹，可能会深陷某一个行动计划中，无法在必要时改变方向。

传统的做法：如写商业计划，最终得出一个静态的文档，不可避免地会随着不可预见事件的出现而随时颠覆。相较之下，尽管伊始就采取渐进的行动看起来颇为鲁莽，但是确有必要权衡这二者之间的利弊。与纯粹的纸上谈兵相比，采取行动有助于更快、更明确地揭示我们的道路究竟是正确还是错误。

在拜访世界知名产品创新和设计咨询公司艾迪欧的时候，我有幸与负责监管公司与其他诸如惠普公司等组织相关工作的资深团队成员萨姆·特鲁斯洛共度一上午。与艾迪欧团队许多成员一样，特鲁斯洛坦承，大众对这个知名“创意工厂”其实存在着广泛的误解。他说道：“不管客户怎么想，我们的行动出发点不仅仅是想出优秀的创意。当人们想要新创意的时候，言下之意是他们没有执行的能力。”艾迪欧恰好提供了一种极为有效的组织结构去执行这些创意——通常客户已有的想法。在特鲁斯洛看来，艾迪欧在整个创新过程中始终坚持“做事”的特质也许是引领公司走向辉煌的最关键因素。

大多数环境下，在创意落地的过程中，有潜力的好点子常常在争论中逐渐淡出视野，或在讨论进程中自然而然地被跳过。不管创意是否需要初步调研、某种形式的初步设计或实体模型的制作，当团队决定针对这个创意采取行动的时候，经常会在尚未讨论执行事宜之前就设法达成共识。这种做法拖累了真正的进展。

艾迪欧在创意执行方面的惯例不太像一个久经沙场的企业设计与商业开发公司，倒更像一个满怀好奇、用乐高积木做实验的四岁顽童。不论处在设计过程的哪个阶段，当团队成员想出一个关于产品外观或功能的创意时，他们就会据此搭建一个样品雏形，然后开始修修补补。这种快速制作模型的做法是策略上的明智之处，有助于克服创意实现过程中的一些巨大障碍。

即使在项目的初始阶段，艾迪欧团队的成员也会迅速行动，推动创意落地。这要归功于公司一系列特有的资源，使得员工们可以针对头脑风暴中产生的初步想法迅速采取行动。所有设计师都拥有进入“特许商店”的权利。这是一个价值数百万美元，人员配备一应俱全的部门，可提供最新的工具，让设计师利用金属、木材或塑料迅速制作模型。在“特许商店”快速转一圈，你就能真切地体验一遍公司项目开发里程碑的历史，包括为微软公司开发的内置滚轮的标准鼠标、为3Com公司设计的Palm V掌上电脑等。

特鲁斯洛解释，在整个创新过程中，如果能给予个体自行采取渐进行动的权利，对寻求团队共识的需求就会减少。尚未成熟的创意早期就得以实测，暴露出各种局限性，同时，通过模型也能指明改进的方向。艾迪欧的“特许商店”概念是一种支持迅速迭代更新的基础设施，可以通过诸如大白板、专用实验室或团队维基网站等工具为任何团队复制使用。有些网络开发团队甚至还研发出额外的“沙箱”环境，让开发人员可在标准开发渠道之外添加和使用新特性来不断调整。作为创新团队的领导者，应该创设一种容许采取不成熟行动的环境。无论单打独斗还是团队协作，坚持在没有太大把握的情况下尽早采取行动的做法有助于创意落地。①

大刀阔斧地扼杀创意

如果你能学会更快地采取行动，就会收获关于新可能性的更多初步数据。然而，只有拥有适时抛弃部分初步创意的魄力，才能收获迅速行动的益处。我遇到的许多团队，当被问及他们最大失败的时候，都提到了某些新创意的产生令项目偏离轨道的经历。这些创意其实在相关人员都认定行不通的那一刻，就应该被扼杀

① 我们团队对此开展了一项题为“紫色圣诞老人实验”的小型研究，详见附录 B。

在摇篮里。

能够基于早期行动的数据暴露一个创意的缺陷和疑点，是高效创新团队的关键技能。通常这种质疑的力量来源于团队中少数惯于发现创意的缺陷而非潜力的成员。有人将这些质疑者称为“扫兴的人”，认为他们浇灭了在场所有人的满腔热情，然而这些人的观点却极有价值。独立工作者必须想方设法培养独立的质疑精神。不论扮演自己创意的质疑者，还是邀请别人扮演质疑者的角色，都必须在行动中纳入这种质疑的要素。

华特·迪士尼在众人眼中拥有无穷的创造力，并因此声名远播，但大家对他的质疑精神知之甚少。实际上，他一直不遗余力地确保创新团队可以不偏不倚地审核创意，并在必要时终结某些创意。个人发展专家基思·崔奇在一篇文章中描述了在制作长篇电影时，迪士尼如何借助三个不同的房间执行一个精心设计的流程来培育创意，而后严格地评价它们。

（1）一号房间。这个房间允许各种天马行空的创意恣意生长。不受限的思维和无尽的创意迸发，这些头脑风暴的精髓在这里获得了毫无保留的支持。

（2）二号房间。一号房间中产生的疯狂创意在二号房间里积累、组织，最终产出一个基于事件发生顺序的故事脚本和一些角色大致草图。

（3）三号房间。三号房间又称为“汗箱”，在这个房间里整个创新团队带着批判的眼光审查项目，不受任何限制。由于种种个人创意已在二号房间得到整合，三号房间的批评就只针对项目的要素，而从不针对个人。

每个创新人士和创新团队都需要一个三号房间。团队构建和创意开发过程中，我们总是更偏爱毫不受限的一号房间。然而，三号房间里创意的“横尸遍野”与一号房间里创意的“恣意飞扬”同样重要。

通过物理空间的使用和以明确的创意构思阶段性目标，迪士尼创造出一个尤为高效的创新团队，改变了娱乐业。奥利·约翰斯顿 和 弗兰克·托马斯是迪士尼的首席动画师。二人在合著的《生活幻象：迪士尼动画》（*The Illusion of Life: Disney Animation*）一书中写道：“事实上有三个不同的华特·迪士尼：一个是梦想家，一个是实干家，还有一个是破坏者。你不知道将在会议上遇见的是哪个他。”看来华特·迪士尼不仅在团队中大力推行三个房间的做法，他本人身上也淋漓尽致地体现了这三个房间的精髓。

这当中的诀窍就是在孕育创意的过程中重视质疑者这一角色的价值。在自己（或团队）酝酿某个新创意时，或为某个项目添加创新元素的过程中，必须注入一丝质疑的精神，来确定你的判断。你无须准备三个真实的房间，但的确需要在创意过程中留出时间仔细审视。此外，虽然你不想给自己思考创意的时间情景设置太多条条框框，但对某些创意还是需要有大刀阔斧、壮士断腕的魄力，这样才能更充分地贯彻其他的创意。

在一段《商业周刊》（*Business Week*）关于苹果公司创新体系的珍贵访谈资料中，首席执行官史蒂夫·乔布斯说道，事实上苹果公司内部并没有什么体系，自发性是创意的关键因素，此外还必须能果断地说“不”：

苹果公司纪律严明，我们有一系列出色的流程来提升效率，但关键不在于此。

我们的创意来源于走廊里的会面，来源于深夜十点半的互致电话——仅仅是因为一个新创意或突然意识到一直以来对某个问题考虑不周。如果有人认为自己想到了最炫酷的创新点，想要知道其他人对这个观点有什么看法，那么这个人就会召集6人临时会议。

此外，我们的创意还来源于千百次地说“不”，这确保我们不误入歧途或者做大量的无用功。我们一直在思考如何拓展新市场，可只有学会放弃，才能专注于真正重要的事情。

在创新环境中，一时心血来潮想出的新创意常常会阻碍某个原有创意的跟进。高明的创新领袖深谙创意的产生是一头猛兽，需要一个无情的驯兽师适时地注入一剂质疑的针剂，使其不再狂野。比起表达同意，更多时候你可能需要说“不”，而且你必须要构建一个能适时帮助创意去芜存菁的团队与文化。

以行动衡量会议

大多数会议是徒劳无功的。在天马行空、电光火石的头脑风暴中，必须想方设法衡量会议的结果。尽管有些伟大的创意和解决方法都是在会议中诞生的，但是我们常常无法将这些构思化作一系列切实可行的步骤方案。最理想的情况是，会议孕育了创意，创意被捕捉为行动步骤，行动步骤连同截止期限再被分配到个人。

会议极其费时耗力。为了参加会议，所有团队成员都要停下手中的工作。一切进度戛然而止——随着团队召集开会，所有人的执行工作都被按下了暂停键。开会至少要有个议程表，但很多情况下却没有。倘若有议程表，可能会征求与会人员对议程主题的意见，并鼓励他们建言献策，对话题进行适当补充，而这只会进一步延长会议的时间。最糟糕的是，多数团队策划会议就如同喝咖啡一样随意。

我花了几年时间观察团队如何竭力在保证效率与召开会议之间获得平衡，得出的结论是：最高效的团队在会议召开方面总是慎之又慎。如果用行动方法的透镜审视生活，我们可以说，会议无法带来任何行动结果，其价值微乎其微。多数情况下，没有产生任何行动结果的会议意味着这个会议只是信息的交换，应当用电子邮件取而代之。

以下是关于会议的若干做法，可供参考：

（1）不要因为今天是周一就开会。摒弃那些没有行动议程的形式会议。仅仅是因为“今天是周一（或是任何特定的日子）”就将众人召集到一起几乎没什么意义。这种形式会议没有议程表，很容易沦为“走过场”，大家只是漫无目的地分享最新进展。如果无法完全避免定期会议，至少允许自己（或劝告领导）壮士扼腕地删减此类会议。在没有什么行动事宜值得碰头的繁忙期，为无效会议付出的代价更大。

（2）在会议结束时回顾捕捉到的行动步骤。临近会议尾声时，花片刻时间逐一询问、检查团队成员捕捉到的行动步骤。每个人只需花不到30秒的时间，就常常能发现一些漏掉的行动步骤或重复捕捉的行动步骤（这将导致重复的工作）。这个环节还能培养团队成员的使命感。当众陈述行动步骤让你更有可能去执行这些任务。

（3）取消不具行动意义的会议。如果会议最终没有得出任何行动步骤，那你有责任仗义执言并质疑会议的价值。这样做最终会让你赢得尊重，同时也会促进效率提升，提升团队活力。千万别单独再开一次会讨论这些没有价值的会议（的确有过这种先例）。

（4）**站着开会。**科特尼·霍尔特曾任音乐电视网（MTV）数字音乐与媒体部负责人，如今是“我的音乐空间”网站的负责人。他的习惯是“站着开会”。所有人都站着，站久了腿软，因此也降低了会议冗长、漫无目的的可能性。

（5）**不要因为自己缺乏安全感而召开会议。**对团队领导而言，召开会议的真正目的其实只是为了消除疑虑，获得保证。有些时候，领导无从知晓下属的工作进程，就会召开会议了解情况。有些时候，领导对自己的成就和决策没有把握，渴望从那些点头称是的人当中获取一点积极的认同，这纯粹是为了自我满足。把团队成员召集到会议室报告工作进展能够起到一定的安抚作用。但是不能为了满足自己作为团队领导者的安全感付出如此高昂的代价。作为领导，应该意识到开会的成本，寻找其他方式构建团队的信任感和责任感。优秀的领导会坦率地扪心自问为何要召集会议，会不遗余力地保护团队的时间。

（6）**不要拘泥于整数时长的会议。**许多为迅速赶上一个项目的进度或讨论一个问题而召开的临时会议只需 10 分钟，甚至无须 10 分钟。然而，当这些会议被排上了日程表，就以 30 分钟或 60 分钟为单位递增计时。这是为什么呢？只是因为它是默认设置！最理想的情况是，为会议设置一个开始时间，然后尽快结束。有些团队做过实验，将会议时长设置在 10 或 15 分钟，结果他们惊奇地发现这些以往需耗时半小时或一小时的会议居然准时结束了。

（7）**始终用行动步骤或其他因素衡量会议。**有时必须实现一个具体但非行动的目标。不论调整目标，还是促成一个新的改变，抑或解决文化相关的问题，这些肩负着非行动目标的会议都会有一定的价值。但是缺乏目标和行动结果的会议却永远没有召开的必要。如果不用行动步骤衡量会议的结果，那就要用其他因素来衡量。项目管理会议的价值应该用行动步骤来衡量。文化调整会议的价值应该用达成共识来衡量。争取一致和获取支持的会议，应该以会议是否将理解和共识提升到一个新的高度、帮助提升团队默契为标准来衡量。

完成度的生理和心理基础

2008 年 4 月，彼罕思团队受到托马斯·爱迪生前述名言的启发，召开了第一次“99% 大会”。世界范围内关于激发创意灵感的会议林林总总，但我们创立的大会只专注于创意的执行。因此，发言人按照要求不要阐述灵感的来源，而必须将重点放在创意的执行过程与艰辛努力这些方面。这是一次伟大的实验：将创意化作行动的过程劳心劳力，且令许多人不屑一顾，人们会愿意花两天时间讨论这个话题吗？

事实最终证明，99% 大会的门票销售一空，来自各行各业的观众积极参与，观众群体可谓多元化。我们邀请的其中一位演讲嘉宾就是赛斯·高汀。赛斯·高汀是一位专注于效率领域的杰出作家和营销大师，因其关于营销和管理的众多博客文章与书籍广为人知。

他本人也是坚定的任务执行者。除了出版畅销书籍之外，他还创办产品、成立公司，并开设了一个非常规的半年 MBA（工商管理学硕士）训练课程。[①] 高汀大获成功，有众多拥趸将其奉为天才。然而，对于自己的成功，高汀却有不同的看法。他同意站上 99 % 大会的讲台，披露一路走来的真实历程，阐述自己作为专业创新人士如何逐渐被大众所认可。

高汀的报告中有一张幻灯片，上面贴满了他一生当中创造的所有产品、书籍和其他东西的照片。他指着幻灯片告诉观众，自己创造的产品或建立的组织大多数以失败告终。“然而，我所获得的些许成功归根结底就在于不断地推出产品。”他解释道。

“推出产品”就是发布什么东西，如上架新产品，或在画廊首秀新作，又或是将手稿寄给出版商……它是执行的最后一个动作，但却鲜少发生。

高汀进一步解释，推出产品指的是一种积极的心态而不是被动的状况。“资金或时间有限，但是要推出产品……保持‘我要推出产品’的心态，这不仅是一条捷径，还是一项义务。之后你可以围绕这个义务逐步开展工作。这样，你就总能推陈出新，而不是像大多数人一样徘徊不定，空有满脑子绝妙创意却只是纸上谈兵。”

高汀一再失败的原因是他一再地推出新产品。同时，也正是这种心态，帮助他推出了一些精彩绝伦的作品，譬如那些引领风尚的书籍和激发大众想象力的新商业模式。在如此高产的背后，

① 高汀的工商管理学硕士课程比哈佛大学相关课程的入学竞争更为激烈。课程采用约 10 人的小班制教学，学生在高汀的指导下接受为期 6 个月自主性相当强的体验教育。99% 大会正是“课程内容”诸多环节中的一环。我见过高汀的许多学生，对他们活跃的思维和实际操作能力印象深刻。他们都是冉冉升起的领导新秀，对他们拥有的体验，我羡慕不已。作为一个从哈佛走出来的传统工商管理学硕士，我可以说高汀的工商管理学硕士课程提供了比其他任何顶尖工商管理学硕士课程更扎实的基础和更强的动力，帮助企业家获得成功。

他肯定要战胜创新人士身上普遍存在的一些心理障碍。

高汀认为，产品推出受阻归咎于“蜥蜴脑”。解剖学认为，人类都有蜥蜴脑，即众人熟知的杏仁核。这是位于脑干顶部的一小块组织，也是大脑的组成部分。他解释道：“鸡和蜥蜴都有一个‘蜥蜴脑’。它的职责是产生饥饿、恐惧、自私等情感，也产生性欲。但它能做到的也仅限于此……我们人类也有蜥蜴脑。”当然，通过进化，人类的大脑已经演化成一个复杂的系统，能够进行更广泛和创造性的思考。然而，蜥蜴脑倾向于原始本能的避险和寻求安全，它对人类产生的影响仍不容小觑。

梳理了相关的生物学基础之后，高汀接着解释道：“在每一次临近产品推出的节点，每一次准备把手稿寄给出版商时，蜥蜴脑都会跳出来说‘这些人会笑话我’‘我会遇到麻烦’……蜥蜴脑扯着嗓子叫嚣，导致我们举棋不定。最后以开会为由搪塞过去。”

蜥蜴脑通过放大恐惧和编造借口来避免冒险，从而干扰执行，让我们工作或个人生活中的种种职责顷刻间听命于其溃退的指示。如果我们从事的是一份单调乏味、只需听命办事的工作，那么蜥蜴脑就默不作声，可一旦我们开始挑战现状，它就会暴跳如雷。

高汀认为，创新人士需要的就是“一个安静一点的蜥蜴脑”。

当然，战胜人类生理和心理的天性是尤为困难的。为了确保消除由我们的蜥蜴脑引发的阻力，必须明智地选择项目，并一往无前地贯彻执行，不被懊悔的情绪绑架。不论成败，高汀始终抱着推出产品的心态，因此能够战胜深藏于本能的退避。他坦然地面对失败的风险，只因深知这种坦然实际上是执行能力的关键。因此，他一次又一次地实现了自己的创意。他为成功赴汤蹈火、几经失败，对此他依然甘之如饴。

跟进之道

执行在很大程度上有赖于坚持。当我们依赖他人来推动自己前进的时候,也把项目的主动权拱手相让。有时为了持续推进创意,必须锲而不舍地跟进。

耶西·罗特施泰因是宝洁公司的销售代表，活力四射，充满领导魅力。他热情洋溢且极具团队精神，这都归功于他在康奈尔大学长曲棍球队担任首发明星队员的经历。供职于宝洁公司的罗特施泰因大多数时间都在路上——在东海岸的店铺之间来回奔波，与公司的企业客户周旋。

许多沃尔玛、开市客和 BJ 批发俱乐部的经理和采购员都认识他，也都很喜欢他。尽管对牙膏、漱口水和洗衣液的趋势和利润了如指掌，但他最为人称道的还是如何在一无所知的情况下一步步找出答案。他会打破砂锅问到底，一路追踪直至找到答案。这听起来很简单，是吧?

如果只需打个电话就能跟进，那的确易如反掌。可如果需要事先获取多人反馈才能获取信息呢?又或者，必须要经历一系列恼人且令人心力交瘁的行动之后，才能找到最终答案呢?罗特施泰因就拥有这样的天赋，他能在公司的各种繁文缛节和层层制度之间游刃有余，于不同的时区之间穿梭自如，找到信息并服务客户。没有工商管理学硕士学位，没有先进的技术解决方案，也没有什么魔法力量，他有的就是坚持不懈的努力和一个简单的信念：疯狂跟进。

“我开始相信生活就是不断跟进的过程。”在八月一个炎热的夜晚，罗特施泰因与我在纽约市一家泰国餐厅会面时聊起过往的经历，“以前我和一个人共同负责管理一个招聘项目。实际上，这不是他的职责，也不是我的职责，但作为公司的一员，我们可以搭把手。这也是企业公民的意义。但问题是，对方并不在意。我给他发电子邮件，一周过去了仍杳无音信。我还给他发送日程表草稿供他审阅，同样也是石沉大海。他显然对此不以为意，但项目必须要完成。一周多过去了，我没有收到任何反馈或合作的迹象，于是，我就把原来这封邮件再发送了一次。两天后再次转发这封邮件。又过了三天，还是没有回复，我就把电子邮件打印出来，寄联邦快递‘隔夜到’快件。上面简单标注：‘只是想跟进一下情况——耶西寄’。他最终回复我了，而且他自己做了相当多的工作。”

罗特施泰因凭着坚持不懈地跟进让客户和领导颇为赏识。他认为这个简单的信念正是自己能够在销售上保持领先、在人际关系和其他方面如鱼得水的核心。罗特施泰因也将跟进原则拓展到了公司之外的领域。他牵头成立了一个非营利组织，该组织每年都会举办一次名为“21 号宴会”的筹款晚宴，以纪念一位不幸在球场上丧生的长曲棍球队队友。他成功拉到赞助，并邀请体育界知名人士作为演讲嘉宾，第一年就总共筹集到了 5 万美元。这个宴会如今已经走过 4 个年头，这么看来也不足为奇。

罗特施泰因在事业如日中天的时候离开宝洁公司，成立了一家名为“美国训练”的非营利组织。他凭借巨大的决心来实现大胆创意的出色能力令人印象深刻，这使他在经济不景气的环境下依然能够成功创立起这样一个组织。

想要同时推进多个项目并获得成功，你必须掌握法宝。罗特施泰因现象发人深思：这些几近不可能的丰功伟绩背后是诸如“跟进”一般朴素的信念和实际的方法，而非所谓的天才。

在宝洁公司做产品销售、为21号宴会预定会场、印刷服装……这些行动原本平平无奇。然而，罗特施泰因的高明之处就在于他总是能够明确每个项目必须要采取的行动，然后坚定不移地执行（甚至强制执行）。他紧追不舍，直至每个行动完美落地。

对罗特施泰因的项目管理、创意和行动步骤组织体系进行深入分析后，我们发现，其看似疯狂的行为背后有一套具体方法。尽管这是一种与其个人工作流程和奔波的生活方式相契合的高度个性化的方法，但其中包含了行动方法的诸多要素。从他每次捕捉创意和采取行动步骤，再到处理这些要素的方式，他几乎无一遗漏，弹无虚发。

在那些持续跟进并斩获成功的创意人士中，与罗特施泰因相似的故事不胜枚举。在每一个这样的故事背后，我们发现同样的方法和信念屡试不爽。尽管每个人都有自己的体系，但创新人士高效工作的机制却相当一致。

寻求制约因素

有时我会请受访团队谈谈那些特别难执行的项目。令我惊讶的是，很多故事的开头都是相似的："客户几乎不闻不问""没有具体预算，就是让我们策划一个大项目""工作简报可灵活操作的空间相当大，也没有明确的截止日期"等。这样可怕棘手的项目尽管结局不尽相同，但开头却如出一辙：团队感觉特别自由。

有时，这种自由的感觉其实是某种缺失的反映。也许客户仍然对项目的方向犹豫不决或是在等待上级的进一步指示。这种情况下，工作简报虽然看起来十分开放，但客户后期可能会施加更多意想不到的制约因素。这种意外突袭可能会导致挫败和多余的工作。然而，这并不是开放式项目折戟的主要原因。

事实是，诸如截止日期、预算、极其明确的创意工作简报之类的制约因素有助于我们管理精力和执行创意。我们的创意本能寻求自由与开放，寻求无垠天空；而我们的效率却迫切需要制约。

2008 年夏季，我受邀前往真人电视剧《引擎室》的片场。这是一部由音乐电视网和惠普公司联合出品的电视节目，会聚了来自欧洲、亚洲、南美和美国的 4 个创新专家团队。这些团队在完成 7 项创意理念的过程中相互比拼。每个创意出炉之后，团队有 1 ~ 6 天时间开展头脑风暴、策划和执行创意。

在片场，我目睹了团队在严格的时限下令人拍案叫绝的合作默契。头脑风暴简洁高效，创意迅速得到测试，必要的时候毫不犹豫地抛弃某些创意。反馈迅速交换，预留明确的时间段专门操作执行过程中的关键事项。计时的形式导致团队尽量避免召开不具行动意义的会议。在时间紧张的情况下，能取得这样的成绩实属不易。

表述清晰的问题也可以作为创意过程的有益制约因素。在 99% 会议成立之际，传奇设计师、五角设计联盟合伙人迈克 · 布雷特分享了自己为纽约时报广场的《纽约时报》（*New York Times*）新总部设计标识的经历。纽约时报广场的建筑物必须遵守特定要求，以匹配周围环境的风格特点。具体而言，这个标识的高度必须是 15 英尺，但又不能遮挡住大楼内员工的视野。布雷特并不认为这个要求是一个制约阻碍，而是将它视作有用的条件。"有问题就有解决方案。" 他如是说。他的创新方案并没有排斥项目的这些明确制约因素，而是积极遵循这些制约，结果令人喜出望外。

五角设计联盟网站给出了如下说明：解决方案就是将标识分

割成小块，具体地说是959个小块。将《纽约时报》标志中的每一个字母都光栅化，即将每个字母分割为26（也就是Times中的i）~161条（York中的Y）数量不等的水平长条。然后将这些长条按顺序铺在环绕大厦外立面的一个个陶瓷支架上。这样从远处看，就构成了一个个字母。这个项目赢得了评论家的普遍认可，也成了布雷特最引以为傲的作品。

制约因素是点燃执行行动的火种。如果没有人施加制约，则必须主动寻找。你可以从稀缺资源开始找起，通常是时间、金钱和精力（人力）。此外，进一步明确需要解决的问题也能帮你找到有用的制约因素。找到这些制约因素之后应尽量更深入地理解它们。

可能性的范畴越明确，且在一定程度上受制越多，越能促使出色的创新人士集中精力和开展行动。当然，如果通过过度地压榨时间或缩减经费来限制可能性，就不得不降低对结果的预期。我们的目的是找到恰当的平衡，以满足项目的各项参数，而不是让你感到受挫或束手束脚。

尽管崇尚无拘无束的创造是人类的天性，但同时也必须关注种种制约并掌控这些制约因素。在他人没有施加制约的情况下，最终还是要担负起寻找制约因素的责任。

适当容忍改变

在所有的合作中，可能出现的最大挑战就是改变。当然，我们的创意和项目必须随着开发过程中获取的反馈和认识不断发展。虽然我们始终抱着开放的心态对待改变，但也必须确保改变有合理的理由，以及改变的时机要恰当。否则，改变可能会很容易使我们偏离正轨。

当我们对某个项目满怀热情并为此投入大量时间和精力的时候，也自然而然地不太倾向于改变方向。冲劲和其他能量来源帮助我们战胜项目平台期，但同时也可能让我们变得顽固。我们逐渐变得更加自信，但也更抵触改变，甚至在真正需要做出改变的时候仍旧固执己见。

结构是一种有效的机制，你可以用它在如火如荼的创造性追求中保有改变的可能性。许多创新团队并不随时征求改变的意见，而是在整个开发过程中定期召开“挑战会议”。会上邀请大家提出问题、回答问题。这些问题包括“现行计划里有哪些不合理之处？”“我们漏掉了什么？”“要改变什么？”等。这与之前迪士尼公司三号房间的做法类似。

然而，改变也有可能是一件坏事，尤其是由焦虑催生的改变。之前从赛斯·高汀那里了解到“蜥蜴脑”的相关情况，了解到在项目接近尾声之际如何千方百计找借口拖延。每每在那时，我们开始绞尽脑汁思索最后一刻要做出什么改变。高汀将这种行为称作“批斗”，即每个人都摇身一变成了批判家，开始对计划、产品或服务吹毛求疵。在开发过程的初期，“批斗”有助于发现缺陷，改进创意。然而，在项目收尾、即将推出的前夕出现的“批斗”却成为延期和预算超支的罪魁祸首。因此，高汀建议将批斗的风暴放到项目开始的阶段，这样才能避免在最后一刻改弦易辙。

可如果在项目即将画下句点、所有人都专注于最后收尾工作的时候，突然发现了一个重大缺陷，需要做出重大改动，这时又该怎么办？说实话，创意的缺陷在临门一脚的时候最有可能暴露。因此，创业的支持者认为小型创业公司比大型公司更具优势，首要的原因就是前者更灵活，且能在最后一刻力挽狂澜。

你想要避免在项目后期出现改变，但也想在必要时能够做出改变。想要将批判的环节尽量放在项目初始阶段，然而事与愿违，改变总是不期而遇。

最后一刻做出改变的好处和代价需要小心细致的讨论。怎么区分心底里冒出来的怀疑情绪和真正的缺陷呢？按时生产出一个（尽管有些缺陷）但能尽快上市的产品版本与后期再发布功能更健全的产品版本，这二者之间如何权衡利弊？

你想要充分利用项目末期的专注力和洞察力，同时又想检验市场，并避免在项目面世之前油然而生的自我怀疑。因此，有些团队会在产品真正面世前利用这种专注，为推出新一代的产品奠定基础。这种情况下，团队会被事先告知在此阶段提出的所有改变，除了在某个时限内，如一天之内可以完成的，否则都将被纳入下一个产品版本中。这样，就能在新改良版本的基础上逐步取得进展，同时对项目做一些简单的改变，这些改变虽小但可能带来巨大的效果，同时也不会影响项目的发布。

进展催生进步

当在项目中成功达到里程碑时，应该庆祝一番，并让自己沉浸在这些成就中。进展是激励人类前进的驱动力。当具体的进展摆在眼前的时候，你更有可能受到激励，采取进一步行动。

若要将进展作为一种前进的驱动力加以利用，必须想办法衡量它。对于已公开的现行项目，进展体现在受众的反馈和评价中。对于尚未公布的项目，进展体现在已经完成的行动步骤清单，或是在已经标记并更新了的旧草案中。

你可能出于本能想把这些过时的材料扔掉。毕竟已经完工。但有些极其高效的创新人士将这些东西奉为进步的见证，让这些已完成项目的痕迹环绕着自己。

获得创意的灵感轻而易举，但采取行动的灵感却来之不易。尤其是在包含了成百上千个行动步骤和阶段性成果的大量繁重的项目中，让自己沉浸在进展成果的氛围中能起到振奋情绪的作用。当你可以在工作完成时建立一个鼓舞人心的纪念碑时，为什么要弃之不用呢？包括彼罕思在内的一些团队都设置了“完工展示墙”，上面贴满了各种历史行动步骤。从诸多项目中收集了一些已完成任务的记录——经常是清点行动事项的几页笔记和描述新增功能的索引卡片，然后用这些手写记录装饰墙面。对我们而言，“完工展示墙”就是一幅艺术品，提醒我们迄今为止取得了多大进展。感觉深陷泥潭的时候，可以抬头看看墙上我们一路走来的足迹。

图 1-3 彼罕思办公室以前的一面“完工展示墙”推动了团队的发展

在创造的道路上，需要看到进展的逐步推进来坚定我们的信心。这个道理和排队类似。如果演唱会候场区排起一条长龙，你会发现随着队伍缓慢前进，每隔几分钟每个人就缓慢地前进几步。可如果前面的这个人没有跟着队伍一起前进，那么你可能会很沮丧。即使你知道他待会也会跟上队伍，但当你看到前面距离不断拉大还是会士气低落。站在原地却感受不到进展是一种折磨。你想要与队伍同步前进，以此获得高效的参与感。与队伍一起渐进不会让你更快到达终点，但这种感受相当棒，它让你能心甘情愿地等下去。这和在电梯里按“关门”键的感受异曲同工：即使这么做可能无济于事（许多电梯的“关门”键是无效的），但它让你觉得行之有效，内心非常满足。

感受任务的推进是执行的重要组成部分。如果你天性习惯于酝酿创意，而非针对现有创意采取行动，那么让自己沉浸在进展的氛围中有助于你更好地集中注意力。当你取得阶段性进展的时候，庆祝和秀出这些进展，让自己沉浸在进展的环境中。

视觉组织与行动的自我营销

设计是提升效率的关键要素，这已不是什么秘密。设计能帮助我们在繁杂忙碌的创作中保持一种秩序感，是一种管理（和控制）注意力的宝贵工具。此外，它还有助于提醒我们待采取的行动。

2009 年 2 月寒冷的一天，我拜访了罗德岛设计学院（RISD）新上任的校长前田约翰，向这位美国顶尖设计学院领衔人讨教组织之道。彼时距离 2008 年 9 月前田校长走马上任不过数月，但他不凡的背景和大胆的管理策略早已在学术界引起轰动。

首先，前田在罗德岛设计学院管理层与学生群体中间实施了一项旨在实现信息完全透明公开的计划。稍后将在第 2 章中讨论。学院管理层筹建了一系列博客等，包括 our.risd.edu 网站。这是罗德岛设计学院的社区论坛，前田校长会定期参与，其他教职工或学生也可以在里面发布消息。接下来，前田校长又牵头推出并在校园各处部署了“数字电子公告牌”网络。这些三星 52 英寸液晶显示屏上滚动播放各类事件新闻和学校师生员工发布的艺术作品、照片和消息。

我渴望与前田校长会面，并不只是为了深入了解其对罗德岛设计学院的影响，还想要听听他独特的背景如何影响他创意的变现能力。前田集数字艺术家、平面设计师、计算机科学家与教育家于一身，拥有计算机科学和电气工程学士、硕士学位，设计科学博士学位和工商管理学硕士学位。加入罗德岛设计学院之前，他在麻省理工学院担任传媒艺术与科学的教学工作长达 12 年，同时还担任麻省理工学院媒体实验室研究副主任。从许多角度而言，前田是一位集创新思想家和领导者于一身的 21 世纪新人才。

在他罗德岛设计学院的办公室里，展示着他头脑里各种思考的可视化地图。墙上贴满了便利贴、草图、计划，以及学校近期正在开展或即将开展的活动项目。这样的办公室与你见到的其他大学校长办公室截然不同。这一点前田也承认，并这样解释道：“如果你走进我的办公室，你会吓一跳，但这就是我的思考方式……我认为这不是一个大学校长该有的办公室装饰风格，但这不是装饰，而是思想的吐露……我想要看清楚自己脑子里在想什么。”前田认为要真正组织好生活中的各项事情，就必须恰当地理解它们。而为了恰当理解某事，甚至任何事，他都觉得必须要以视觉的方式呈现并处理它们。

随着交谈的深入，我进一步明晰了前田的观点。他认为，创新人士的组织条理能力并非与生俱来，而必须通过诸如视觉刺激，以及把想法、计划和目标贴在墙上等方法强制训练。

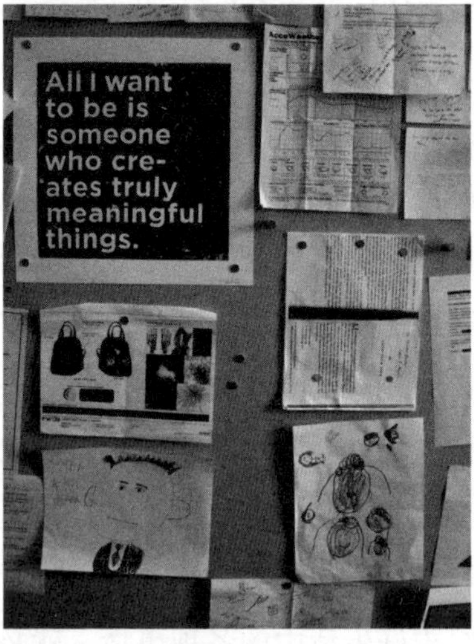

图 1-4/ 图 1-5 前田约翰位于罗德岛设计学院的办公室（科林 · 威廉姆斯摄）

前田面前的桌子上整齐地码放着一些长方形小便利贴。在讨论的过程中，他在这些小便利贴上匆匆记下我的许多问题和评价。即使在聊天的时候，他都会将对话白纸黑字地记录下来，帮助自己组织思路和评论。这也是他如何用视觉组织的方法处理生活中所有项目的真实写照。“只有理解事情的运作机制，才能合理地组织它们。”前田如是说。

艾迪欧的团队，也就是前面提到的传奇设计咨询公司，也将视觉组织作为创新过程的一项重要原则。步入艾迪欧公司的任何一幢大楼，眼前的景象会令你为之一振：大楼中间一张张办公桌和一台台计算机随意排开，每张办公桌和每台计算机都是一个个人工作站。员工的自行车高架在椽子上，玻璃围合的“项目室”环绕着整栋仓库式建筑内缘。每个项目室都是一个专用的工作空间，供某个特定项目的设计师团队使用。

尽管大多数到访者都被大楼内部空间的创造性所震撼，但最吸引我的还是每个项目室里遍布的可操作项目和墙上的草图。团队成员乔斯林·怀亚特觉察出我对此的兴趣，便解释道：“沉浸在这些任务的环境中让我们斗志昂扬。”

怀亚特进一步展示了项目室的独具匠心之处。团队成员会将需要某些特定人员完成的事项以缩写的形式写在便利贴上。产品开发过程中须谨记的实地勘察则被挂在墙上或散落在房间各处的大海报板上，其中，种种细微差异一目了然。当步入这些项目室，我想象着每天一跨入这个门槛，任务清单和设计师情绪板就以三维实物的形式映入眼帘。在涉及责任到人与进行优先次序排列（以及确保不遗漏任何事）方面，这种设置具有不可比拟的优越性。当然，当离开办公室的时候，也就置身事外了。不过，艾迪欧巧用空间进行项目管理，促进行动的方式值得我们学习。

生活中充满了各种抉择。每一刻，都要决定关注的对象，决定如何支配自己的时间。尽管排列优先次序能助你集中注意力，但是，还是有可能开小差。这种思想游离的倾向通常会对效率不利。前田约翰、艾迪欧团队等许多人士运用视觉设计以组织和理解信息，并激励自己行动。俗话说得好，“眼见为实”，照此推论，把事情摆在眼前，有助于推动行动的进展。

谈及保持关注，必须像麦迪逊大街上的广告公司那样向自己推销。这与公路广告牌和电视广告夺人眼球的技巧异曲同工，它们能帮助你更专心地投入一个项目，或逐渐从项目中抽离。如果用漂亮的表格或精致的画簿追踪记录项目，那么更有可能专注于这个项目。利用工作空间，可以将注意力引导到最需要的地方。最终，你会感觉非得采取行动来处理待办事项不可，就如同营销人员让你感觉什么商品非买不可一样。

1.5
思想的忠贞不渝：保持注意力与决心

通过前述讨论可以清楚地看到，将生活中的事情项目化、借助行动倾向管理项目、持续向前推进这三者对执行而言至关重要。

然而，遵照日程安排，保持对创意的忠诚并非易事。执行鲜少是安逸轻松或方便省事的。必须接受前路的艰难险阻，预见到种种可能阻滞进展的诱惑。

只有意识到并掌控自己本能的冲动，才能保持对创意事业的忠贞不渝。在实现创意的道路上，必须减少由于缺乏安全感造成的精力消耗，还必须学会抵挡可能阻碍自己前进的外部压力。

付出汗水的习惯

尽管也有许多有关行动倾向的组织诀窍，但是执行归根结底就是要付出汗水。

罗伊·斯彭斯是GSD& M创意城市公司的董事长。该公司是广告业翘楚，为美国西南航空公司、沃尔玛、卡卡圈坊等品牌提供服务，并参与了著名的“别在德州撒野”运动。《快公司》杂志（*Fast Company*）曾采访过罗伊·斯彭斯，询问他如何在对其手中客户虎视眈眈的一众竞争者中立于不败之地。斯彭斯称："保持常胜不败的秘诀就是比那些家伙做得更多。你必须比他们做得更多、想得更多、怀有更大热情。可这多让人热血沸腾！"

付出汗水是脱颖而出的最佳方式，在创新界尤其如此。仅凭职业操守这一点就能让你的创意焕然一新。只不过，付出汗水的过程一点也不吸引人。无数次的熬夜、不厌其烦的修改，还有数不胜数的会议占据了大部分时间，可这一切都是为了让项目焕发蓬勃生机。此外，对工作的热情也很重要。热情催生容忍，让你能够忍受在创意实现的道路上出现的一切挫折和困难。

为了训练自己长时间集中注意力与付出汗水的能力，有必要制定一个规律的工作日程表。安排时间专门用于执行创意是各行业备受推崇的创新领袖共用的诀窍。这也是应对层出不穷的行动步骤并预留充分时间开展深入思考的唯一法门。

当代一些尤为多产的作家的日常习惯值得我们花点时间推敲。写作是一项劳动密集型工作，需要不折不扣的自制力和辛勤付出的汗水。可以有天马行空的构想，尽情张开想象的翅膀，但这些构想最终还是要一字一句地写下来。

梅森·柯瑞是纽约市的一位作家兼编辑。2007 年 7 月，他启动了一个项目，旨在深入探析作家的日常行为对注意力和执行能力的作用。

柯瑞按时间顺序整理了一些尤为高效的作家、发言人、科学家和艺术家以往为自己制定的日程表。刚开始的一年半时间里，柯瑞的网站只有几十个读者，且多数是朋友和同事。然而，2008 年 12 月网络杂志 Slate.com 在其网页上提供柯瑞的博客链接之后，博客的访问量飙升至每日数万人次。

除了柯瑞付出汗水收获硕果的亲身经历之外，从他博客上列出的访谈片段和文章目录里，也可以深入了解到制定规律的日常执行规范对创意落地的作用。

我在柯瑞的博客里发现了畅销书《点球成金》（*Moneyball*）和《说谎者的扑克牌》（*Liar's Poker*）作者迈克尔·刘易斯的一段访谈。这段访谈摘选自罗伯特·博因顿的《新新闻主义：美国最佳非虚构作家谈写作技巧》一书（*The New New Journalism: Conversations with America's Best Nonfiction Writers on Their Craft*）。

1. 你如何提笔开始写作

断断续续地写。我会先写下点东西，但不是开头、中间或结尾，只是将某个想法写下来。积累了一定的文字之后，再开始考虑如何组织这些文字。

2. 你是否喜欢在每日某个特定时间段写作

晨光熹微与夜深人静时是写作效率最高的时间段。我很少在中午写作。如果在中午工作，也是校订早晨所写的内容。

3. 你理想中，一天的写作该是什么样的

如果抛开家庭，只有我一个人，那么我会在晚上七点到凌晨四点之间写作。这是我从前的老习惯。我喜欢跑在别人前面，因此总是暗自想：“明天的工作今晚就开始做！”夜深人静的时候没有电话，没有干扰。我喜欢这种无人干扰的感觉。

4. 你是不是一定要在某个地点写作

不是，我在所有能够想到的地方写作。我喜欢在办公室写作。我的办公室就在离伯克利的住家近百米开外一座有点年头的红木小屋里。里面有厨房、小卧室、浴室和一间客厅，客厅被我用作书房。但我也曾经在各种各样的环境里写作，因为，你知道作品的质量并不取决于写作环境。我认为灵感不会自动找上门，相反，你必须要主动寻找灵感。如果一味等待“完美一刻”，效率就会大打折扣。

与迈克尔·刘易斯相反，畅销小说家约翰·格里森姆有着更严苛的日常习惯，尤其当他身兼律师与作家双重身份的时候更是如此。

格里森姆在接受《旧金山纪事报》（*San Francisco Chronicle*）的访谈中谈到，当他开始写作时，会遵循“这些固定的小程序，虽然愚蠢且不近人情，但却至关重要。五点闹钟响了之后，我就跳进浴室冲澡。到办公室只需 5 分钟。每天五点半，我必须坐在办公桌前，啜饮清晨的第一杯咖啡，在信笺簿上写下第一个字。每周五个工作日雷打不动。”

格里森姆的目标是每天写一页。有时候 10 分钟就能完成，有时候要花费 1 个小时。他经常先写两小时，然后再着手手头的法律事务，但他一直都不太喜欢律师这个职业。格里森姆供职于密西西比州立法机构，对“浪费大量时间”有切肤之痛——这些时间其实本可以用于写作。

纵观这些知名作家的日常习惯，你会发现在创新工作中，组织安排扮演着重要角色。尽管日程表因人而异，但是每个人使用日程表的初衷都一样。生活中仅凭自己的创作偏好、理性思维，还有一时的心血来潮还不够。只有分配好精力并确保自己坚持一定的日常习惯，才能做到真正的专心投入。

工作空间再思考

工作空间的安排方式是非常个性化的选择，在从事创新项目时更是如此。周围环境影响着你的注意力，甚至可能影响着你的创新思维倾向。然而，让我们更加高效、更具创造力的空间究竟有什么特点，这似乎令人难以捉摸。有些团队青睐全员共享的开放式阁楼办公空间，还有些公司采用更为传统的单人格子间或办公室的布局，为员工提供更多私密性。虽然理想的工作空间并没有固定模式，但还是有一些有用的原则值得我们考虑。

不同类型的空间支持不同类型的活动。譬如，明尼苏达大学（University of Minnesota）营销学教授琼·米亚斯－列维（Joan Meyers-Levy）最近的一项研究表明，天花板的高度影响人们处理信息的方式。在研究中，米亚斯－列维准备了两间房——一间天花板高 8 英尺，另一间高 10 英尺。她将 100 名实验参与者随机分配到任意一间房里，然后要求所有人完成同样的任务，包括按照自己的分类将事项分组。最终，天花板较高的组别得出的分类更抽象，而天花板较低的组别得出的分类更具体。“在天花板较低的环境下，你关注的是具体细节。”米亚斯－列维在《科学美国人》（*Scientific American Mind*）上发表的文章中给出这样的解释。

受限的小空间可能会让我们变得更为专注，而天花板更高的、宽敞开放的空间有助于培养无拘无束的思考方式。按照米亚斯－列维的观点，“取决于你从事的任务是什么类型……如果是手术室，那么天花板最好低一些，让手术医生将细节做到至臻至善。”

米亚斯－列维谨慎地指出，空间的实际尺寸并不一定是主要决定因素。“我们认为，通过操控自己的空间感，就能实现这样的效果。”她解释道。尽管如此，她的研究也表明，我们在开展研究或专注于行动步骤时，应当把自己限定在更小、更局限的环境中。但是，在开展头脑风暴或开启创新项目时，应尽量在更开放的空间工作进行。

其他诸如采光、噪音和装饰风格之类的因素也有可能影响你的习惯倾向，但这种影响因人而异。如果你注意到自己在各种工作条件下的效率差异，就可以根据手头的项目或任务情况，变换工作地点、改变工作空间。

但是，务必保证你的工作空间神圣不可侵犯。开放式的工作环境有可能导致由于一时心血来潮而召开会议。为了尽量减少这样的情况，你必须当作同事的办公桌周围有扇隐形的门。尽管开放式空间让同事之间可以随时交谈，这一点极具诱惑力，但有时候创新思路的流畅性必须受到尊重和保护。我们的首席设计师马提亚斯·科瑞（Matias Corea）本身也支持开放式工作环境的想法，但当他需要集中注意力的时候，就会戴上耳机，这个无声的举动向他人释放出不想被打扰的信号。

你的工作空间是你创意思维和创意执行的地盘。因此，这个空间的理想状况（和限制条件）总是不断变化的。必须有意识地寻找自己在不同环境中的习惯倾向，并在项目推进过程中运用这些信息更好地管理自己的精力。

减少“不安全感带来的工作”

向他人介绍自己的创意时，你肯定会担心他人有什么看法。

你会忍不住频繁地观察自己的进展，并确认自己每一项创造成果的现状。这是一种自然现象，尽管这种现象常常源自一种无端的不安全感——害怕自己忽略了什么，抑或是害怕自己将以失败告终。虽然每个人的不安全感不尽相同，但是多数人的处理方式却很类似：寻找信息，终结焦虑。对有些人而言，这意味着花费大量时间审阅网站的流量报告，仔细检查银行账户余额和每一笔业务交易，查看与自己业务相关的推特搜索信息流，利用日常邮件核对你能联想到的每一个数据等。沉浸在数据的海洋中给我们带来些许安抚。

这些日常（有时甚至是每小时复发的）习惯，我称作“不安全感带来的工作”。这些工作漫无目的，根本无法推动事情的进展，且由于操作迅捷，你可能一天之内屡次反复却没有意识到自己挥霍了多少光阴。虽然所有这些行动偶尔也很重要，但如此频繁地从事这些工作并不合理。

由于不安全感带来的工作是困扰许多创新领导者的一个难题。对确定性的无尽渴求成了制约效率的枷锁。可以推动项目进展的工作被那些只能缓解焦虑的工作取而代之。先进的科技和无所不在的网络甚至令这个问题雪上加霜。能够缓解焦虑的信息总是触手可及，因此，你忍不住一而再，再而三地去使用它。为什么呢？因为我们内心深处总是寻思着自己遗漏了什么。

为了不让自己盲目地被不安全感带来的工作牵着鼻子走，我们必须综合运用自觉自知、自律和授权策略这三点。

第一步就是要意识到自己日常生活中所做的哪些事实际上是由不安全感带来的。可能是反复检查某些搜索关键词；或是像照看一壶沸腾的开水一样，时刻紧盯自己的收件箱；又或是在无法集中注意力关注手头项目时，竭力想找出分散自己注意力的事由。通过有意识地为不安全感带来的工作贴上标签，你就会逐渐增强这方面的意识。

第二步是为自己制定行动纲领并养成固定习惯。在每天（如果你有勇气，也可以在每周）结束时留出 30 分钟浏览那些让自己感到好奇的事项的清单。可以将这些事项作为书签添加到不常用的浏览器里，只在专属时间段里开启。戒掉被不安全感带来的工作牵着鼻子走的习惯类似减少对某种成瘾性事物的依赖。你也许会发现自己还是会渴望找到缺少的数据（和胸有成竹的感觉）。因此，戒掉这个习惯还是要徐徐而图之。

倘若对你适用，第三步就是将检查核实这类数据的任务授权给一位比较有安全感的同事，让其进行适当的审核。应当告知这位同事定期查看数据，必要时向你报告有问题的信息。

减少不安全感带来的工作旨在解放你的思想、精力和时间，将它们用于酝酿和执行创意。不安全感带来的工作可能会令你不堪重负，让你无法挣脱对世人看法惴惴不安的紧箍咒。为了放眼未来，你必须摆脱对现状的重重忧虑。

MAKING

IDEAS HAPPEN

第 2 章

群体力量

OVERCOMING

THE OBSTACLES
BTWEEN VISION AND REALITY

你的组织与执行能力只是创意落地三要素中的首个要素。让我们大跌眼镜的事实是，创意的落地并不是个人禀赋或聪明才智的结果。我们对群体力量的探究将会证明，他人在推动你的创意前进这一点上，始终发挥着作用。

他人的参与能为创意带来新鲜的血液，这不足为奇。在这种情况下，概念更迅速地被提炼，逻辑漏洞也更快得以暴露。当你让他人参与自己的项目时，你也担负起了保证效率和贯彻执行的责任。群体的力量有助于你利用反馈意见、保持敏捷、与他人共同分担执行的重担。

你的成功取决于充分借助他人之力。在本章中你将了解到，必须积极主动地去寻找群体成员，同时你也将看到该如何海纳百川，广纳良才。通过精心培育管理，社群将成为你创意成真的终极平台。

2.1
利用周围的力量

你的社群就在你周围，包括你的团队、导师、客户、合伙人，当然还有亲朋好友。这些人组成的群体一开始可能对你的创意不甚了解，但最终却能够帮助你创意成真。每个创意都有相关方，即那些与你荣辱与共、休戚相关的群体成员。你的职责就是吸引相关方的参与，并对其加以利用。

那些曾经让自己的创意风靡一时的人尤为擅长利用群体的力量。然而，人们普遍对采纳群体力量抱着犹豫的态度。创新过程一旦引入了他人的观点和影响，可能会令你觉得整个过程受到了玷污。众所周知，艺术家与批评家经常水火不容，有些艺术家甚至坚称他们的作品并不为任何人创作，仿佛别人从他们作品中得到的愉悦，之于艺术家本身的聪明才智，不过随手之劳而已。同样地，创业家们在采纳反馈意见和建立长久合作关系方面，也往往并不那么热衷。

创新的过程令人沉醉，且颇有些自我陶醉的意味。我们与自己的创意坠入爱河，矢志不渝，百般呵护，以至于忘记花时间明确表达（和营销）自己的创意，对批评置若罔闻，最后导致创意被孤立，停滞不前。倘若进一步审视自己的内心，我们就会发现自己失去了体察他人需求与细腻情感的能力，而这些正是让创意欣欣向荣所不可或缺的。

我们可以在与群体分享创意的过程中收获反馈与支持。我们也鼓励竞争者的参与。这些竞争者一开始可能令我们望而生畏，但最终却能激励我们百尺竿头更进一步。

我关于群体力量的论断是基于数以百计的一对一访谈提炼出来的，同时也有越来越多社交网络领域的科学研究同样支持群体的重要性——尤其是在与效率和成功相关的方面。

2009 年 2 月刊发的这期《哈佛商业评论》（*Harvard Business Review*）上有一篇文章援引了麻省理工学院最近的一项研究。该研究表明，拥有最广泛的线上个人社交网络的员工比其他同事效率高 7%，而拥有团结有力的线下社交网络的员工比其他同事效率高 30%。显然，每个人各自的社群——不论是线上或是线下的群体——都扮演着至关重要的角色，帮助我们提炼创意、保持注意力、执行任务直至任务完成。

梦想家、实干家和渐进主义者

我们周围总有那么一些彻头彻尾的梦想家，他们才华横溢，却似乎永远无法付诸行动。弗兰克（Frank，化名）是一位木匠大师，很早就在克罗地亚当学徒学习木匠工艺，对这门手艺情有独钟。他带着一身粗犷的技艺以及靠着自己的手艺闯出一片天的宏图大志来到纽约，为客户打造精美的木作产品，如衣柜、书架等。

和弗兰克聊起他对项目的设想时，他的眼睛瞬间就被点亮了。虽然英语水平差强人意，但他还是搜肠刮肚地挤出了一些颇为讲究的词描述细节：“这个做出来会很别致——你一定会爱上它精致的边缘，还有触感……”然后他会滔滔不绝地讲木材，讲他的计划，还有之后可能要做什么。这些工作从来都没有限定一个范围。对弗兰克而言，每一项工作只是他狂野失控的创作旅程中的一块里程碑，其创作目的就是设计和制作大师级的木作精品。

弗兰克的客户虽然认可他的高超技艺，但都对一件事怨声载道——他从未按时完工，总是状况频出。尽管他总能找到冠冕堂皇的理由解释一再的延误，但显然执行不力是症结所在。尽管他最终完成的作品都很令人惊艳，但是完工的项目几近凤毛麟角。

我们在研究中将创新人士大致分为三种常见的类型：梦想家、实干家，以及博学家，即渐进主义者。弗兰克就属于其中的梦想家。世界上不乏一些胸怀鸿鹄之志的创业家、笔耕不辍的作家和满腔热忱的艺术家，他们与弗兰克一样，拥有无尽的创造天赋，但又总是为天赋所困。

像弗兰克这样的梦想家总是不停地酝酿新创意。梦想家与企业家一样，时常在一个又一个新创意之间徘徊。即使是在现有的业务范围内，他们也一直在思考如何创新。我认识的许多广告业的创意总监都坚称让他们保持组织条理性和集中精力是别人的职责，他们只要负责酝酿创意，即发挥想象力，就行了。非盈利行业的梦想家是理想主义者，他们可能会以牺牲当前项目的结果为代价，投身新项目。同样地，艺术梦想家总是不断地开启新项目，常常用华而不实的长远眼光看待宏大的任务。

与梦想家为伍固然有趣，但他们却是难以集中注意力的一类人。在创意的狂风暴雨裹挟下，他们容易忘记回电话，忘记完成当前项目，甚至忘记付房租。虽然梦想家在酝酿奇思妙想方面一骑绝尘，但在执行方面却技不如人。我所认识的一些极其成功的梦想家将自己的成功归功于与实干家强强联合。

实干家没有那么天马行空，因为他们心无旁骛地专注于执行中的组织工作。当头脑风暴不考虑执行因素的时候，实干家会感到受挫。他们通常欢迎新创意，但习惯于沉浸在真正让创意落地需采取的一系列行动步骤中。梦想家会迅速地与创意坠入爱河，但实干家一开始会抱着质疑的态度，琢磨创意，直至满意为止（或者也常常以否定创意收场）。随着实干家将创意进行分解，他们也成了行动导向的组织者和重要守护者。一个创意只有分解为有组织且可操作的要素，才有可能实现。实干家会质疑华而不实的创意，并用恰当的方式加以制止。

还有一类是集梦想家与实干家于一身的渐进主义者。他们在想象与执行这两个泾渭分明的阶段之间自由切换。在想象阶段，当思绪如脱缰野马狂奔时，渐进主义者会开始觉得急不可耐。这种急不可耐的感觉逐渐加剧，最终迎来执行阶段。至此，手头的这个创意也就被推进到了执行阶段。如果需要抛弃某个创意，重新构思想象，他们也会认为无须被管理的思维定式束手束脚，欣然接受。因此，渐进主义者能够沉浸在创意孕育的过程中，提炼出所需的行动步骤，而后不屈不挠地推动创意付诸实践。

你或许认为，成为渐进主义者是让创意成真的必杀技。但当你看到渐进者身上的闪光点时，也应该考虑到他们的局限性。渐进主义者具有迅速开发和执行创意的能力，可以同时领导多个项目（在很多情况下，甚至是多种业务）。

在研究过程中，我们结识了一位优秀的渐进主义者——杰夫·斯泰伯（Jeff Staple）。杰夫·斯泰伯是斯泰伯设计公司（Staple Design）的创始人、纽约零售商店兼画廊瑞德空间（Reed Space）

的所有者、自创服装系列的时装设计师，以及耐克和伯顿（Burton）等品牌的品牌策略师。合作经营项目涉猎之广，令他备受推崇。他是一位非凡的创新思想家，每天游刃有余地游走在组织和执行的工作模式中，这一点难能可贵。然而，当我们谈到他的种种成就时，斯泰伯陷入了沉思：他走的这条路是不是能充分挖掘自己潜力的最佳选择？对此他还抱有疑虑。

“我喜欢我们这儿的多元化。”他解释道，“这让我热血沸腾。事实上，我也不愿改变这一点。不过有时候我会产生这样的疑问：在过去 12 年里，如果我只做画廊或服装系列，或是只做设计工作室或商店，如今会是怎样一番局面？也许现在我们已经有 30 家店铺，也许我已经退休，隐居在南部海滩了。”

渐进主义者倾向于酝酿和执行超额的创意，仅仅是因为他们有这样的能力。这种罕见的能力可能造成他们为承担维持多个项目运转的应接不暇的职责，而牺牲了让某个具体项目脱颖而出的机会。在研究中，我遇见许多渐进主义者，他们在自己周围的群体中以涉猎大量项目而声名在外，但他们的影响力却始终无法触及全世界。因为渐进主义者的品牌、产品和创意鲜少充分调动起他们全部的潜能。

实干家和梦想家是最佳搭档，而渐进主义者可以与二者当中的任意一类双剑合璧。在合作领域，渐进主义者是万能的“O”型血。我和许多渐进主义者讨论过他们最成功的那些项目，发现他们需要的仅仅是在岔路口时有人从后面推一把。实干家会在必要时将渐进主义者往梦想家这个方向推，而梦想家则能够激发渐进主义者急不可耐的性质以及类似实干家的组织条理性。

当我们仔细研究杰出创新成果的历史，以及这些成果背后的领导者时，一些实干家、梦想家和渐进主义者的鲜明事例赫然在目。曾任田径教练并开发出耐克跑鞋的比尔·鲍尔曼（Bill Bowerman）与菲尔·奈特（Phil Knight）合作，将自己的愿景变为一个企业。在苹果公司的领导层，乔纳森·伊夫（Jonathan Ive，首席设计师）、蒂姆·库克（Tim Cook，首席运营官）和史蒂夫·乔布斯（首席执行官）分别代表了梦想家、实干家和渐进主义者。在时尚领域，梦想家卡尔文·克雷恩（Calvin Klein）与巴里·施瓦茨（Barry Schwartz），拉尔夫·劳伦（Ralph Lauren）与罗格·法拉赫（Roger Farah），马克·雅可布（Marc Jacobs）与罗伯特·达菲（Robert Duffy）——这三对都是时尚梦想家与世界一流实干家的强强联合。

因此，没有所谓的理想类型。实干家、梦想家和渐进主义者各有所长，也各有所短。然而，你一旦明确自己可能是什么类型的创造者之后，就可以利用周围的力量——包括潜在合作关系、组织工具及其他资源，带来改变。

理解实干家、梦想家和渐进主义者的习惯倾向是建立长期伙伴关系和协作关系的第一步。

单打独斗难成事

作为创新人士，我们各有所长，也各有所短。在工作中，我们容易受某些先入为主的观念束缚（譬如“我这个人就是没有组织条理性”“我不擅长和客户打交道”等）。通过对实干家、梦想家和渐进主义者性情倾向的讨论，我们看到了伙伴作为绿叶陪衬和补充，能使我们如何受益。

如果你是一个单打独斗的梦想家，没有他人的问责与激励，你的创意将会来也匆匆，去也匆匆。如果你是一个实干家，在绞尽脑汁思索新创意和解决方案时，你可能会被各种细节束缚手脚。如果你是一个渐进主义者，你有可能酝酿并执行大量项目，但这些项目最终都偃旗息鼓，掀不起一丝波澜。不论你属于以上哪一种，发展有意义的伙伴关系将有助于提升你的效率。

当然，我们对伙伴关系分崩离析的种种惨剧也有所耳闻。这些故事背后的原因通常是由于性格不合或技能太过相似。譬如，两个梦想家的结合可能导致项目在创意酝酿阶段耗费太多时间，留给实际执行的时间却捉襟见肘；而两个实干家的合作可能迅速直奔执行和组织的主题，却缺少了取得突破所需的远见与率性。缔结伙伴关系须审慎。然而，只要伙伴关系发挥作用，就能源源不断地激发更多的灵感。

许多众所周知的实干家与梦想家的长期伙伴关系，带来了非凡的成果。网络 T 恤设计社区“无线（Threadless）”的创始人杰弗里·卡尔米科夫（Jeffrey Kalmikoff）和杰克·尼克尔（Jake Nickell）的合作正是如此。“无线”肇始于 2000 年，在两人的共同努力下，这个小型副业项目逐渐发展为一门价值 3500 万美元的生意。

二人的伙伴关系之所以能发挥作用，是因为卡尔米科夫是一个梦想家，而尼克尔是一个实干家。2009 年彼罕思首届 99% 年度大会筹备期间，我有幸聆听到他们对彼此关系的阐释。卡尔米科夫说道：“我总是致力于创新。每天，我都在思索与公司相关的商业创新构想。而杰克则负责让一切正常运行，同时对我加以约束。如果没有杰克，我们将一事无成。”

接下来，卡尔米科夫随口聊了起来，穿插着讲趣闻轶事和创意。他的思维跳跃，叙述也并不总是那么清晰。当他的观点不甚清晰时，尼克尔就会介入，帮助提炼或概括观点，保证叙述的正常进行。二人截然不同的谈话方式正是他们工作关系的缩影。卡尔米科夫自称“创意的水龙头”，通过迅速提供源源不断的潜在创新想法，为公司注入持续的动力与率性；而尼克尔筛选项目提案，帮助团队将注意力集中到最合理的项目上，为执行奠定基础。二人的合作揭示了实干家与梦想家是天作之合。他们彼此没有威胁，因为他们各有所长。

有些人喜欢和同一个人长期合作，然而，许多成功的企业家和创新人士，尤其是不断跨界的企业家（譬如从杂志出版界转到电子商务界），会基于项目寻找合作伙伴，以专业知识技能、性格类型和工作方式的互补性作衡量。罗杰·班纳特（Roger Bennett）就是其中的佼佼者。

班纳特是一个理想主义者，同时也是一个脚踏实地的社会企业家，有着多次创业的非凡经历。他从事犹太慈善事业，与英国喜剧演员、“波拉特（Borat）”的扮演者萨莎·拜伦·科恩（Sacha Baron Cohen）是同乡，并与后者有着同样满怀激情和天马行空的工作方式。他致力于研究文化与身份的相关问题，喜欢那些一开始看起来疯狂，但真正落地时又顺理成章的创意。

班纳特创造了各种各样颇具文化影响力的作品，唯一的目的就是增强年轻群体的犹太人身份认同意识。如果你是一位出色的创新专业人士，并且恰好是个犹太人，那么你可能接触过班纳特或是他的项目，譬如云集了传媒娱乐界大咖的瑞步网络（Reboot Network）、书籍《受戒迪斯科》（*Bar Mitzvah Disco*）和《露营》（*Camp*

Camp）、杂志《内疚与愉悦》（*Guilt & Pleasure*）、伊德尔松音乐保护协会（Idelsohn Society for Musical Preservation）。伊德尔松音乐保护协会是一家致力于出品复古犹太重混音乐的唱片公司，融合了意第绪－拉丁（Yiddish–Latin）文化并且受到高度赞誉的歌曲《梅泽尔托夫，我的朋友们》（*Mazel Tov, Mis Amigos*）就出自该公司的。

班纳特的每个项目都有一个合伙人。伙伴关系对他而言至关重要，他会先找到合适的合伙人，然后才开始执行创意。这些合伙人与他的个性和梦想家的倾向都形成了很好的互补。在各种电影项目中，他与脚踏实地、严守底线的制作人配对。写书的时候，他就物色那些组织技能出色且对出版界了如指掌的合伙人。建立组织的时候，他就与那些具备行动导向的、能够游刃有余地管理大量人员的专业人士联手——这一招屡试不爽。班纳特了解自己的优势和劣势，一直留心寻找那些与自己有相似志趣但拥有不同技能储备的人。他频繁出没于纽约市的一些场所，通常会在下班之后去那儿边喝边聊，这让他不断地结识一些符合这些要求的人。与志同道合的人随意畅聊，这就是他孕育伙伴关系的方式。

接下来再谈谈你聘用的合伙人，即那些你请来弥补某个具体弱点的人。这些年来我观察到，有些彻头彻尾的梦想家只有在雇用真正的实干家作为创新事业的合伙人时，才能够“成事”。在独立创新专业人士的圈子里，我们通常称这些人为“经纪人”。许多知名演员、设计师和摄影师都有经纪人，并且他们都将自己得以保持平衡和事业上的发展势头归功于经纪人。

在研究合作关系的过程中，我有幸于 2009 年同时年 24 岁的知名平面艺术家恰克·安德森（Chuck Anderson），以及他的商务代表埃里克·阿特基森（Erik Attkisson）分别交流。即使你没听过安德森其人，你可能也看过他的作品——从青年时代起，他就同耐克、阿迪达斯、微软、本田、诺基亚和范斯（Vans）等客户合作。2008年，在好友及同事约书亚·戴维斯（Joshua Davis）的举荐下，安德森决定聘用阿特基森。阿特基森承担着大部分新商务项目的开发任务，同时还要回复客户咨询、管理日程，既要考虑安德森的长期事业发展，又必须兼顾其日常工作。

尽管在这之前，安德森也能够应付商务方面的事宜，但是邀请阿特基森加盟之后，他可以更自由地专注于创新方面的工作。不过，决定与他人合作仍然需要一定程度的自我剖析。“以前就我一个人。”安德森说道，“过去四年半都是一个人单打独斗。”最终，不断向上突破的吸引力让他想通了，将部分掌控权交给他人。“当时我想，也许是时候尝试与别人合作，看看我能够怎么推动一切向前发展，将它们带到一个新的高度。那时我就下决心，余生不仅仅想要当一个自由职业者。”

在开发创意的过程中，合伙人只是你考虑的诸多相关方当中的第一个。他们不一定是财务合伙人或是平等合伙人。他们的出现，是为了弥补你的能力短板和约束你的某些倾向。一旦选择了关键合伙人，你就要拓宽范围，将其他个人或组织纳入考虑，以吸引他们参与到你的创意中来。

慷慨分享创意

我将思想传授他人，他人之所得，亦无损于我之所有；犹如一人以我之烛火点烛，光亮与他同在，我亦不因此身处黑暗。在这个世界上，思想应当自由地在人与人之间传播，因为人类的道德教育与相互教育，以及人类的进步，似乎都是自然特殊且仁慈的旨意。

——托马斯·杰斐逊（Thomas Jefferson），《致艾萨克·麦弗逊的信》（*Letter to Isaac McPherson*），1813年8月13日

“慷慨分享创意”的概念违抗了你将创意保密的自然本能。然而，在我采访过的千百位成功创意人士身上，大胆地分享创意是最常见的一个特质。究其原因，就在于拥有创意仅仅是在创意成真的道路上迈出的一小步。在这条道路上，群体力量发挥着重要作用，它帮助我们提炼创意的要点，督促我们担负起创意落地的责任，构建一个助力我们实现超越的网络，为我们提供宝贵的物质与精神支持，传播有助于吸引资源与宣传的信息。通过分享自己的创意，你在建立社群的道路上迈出了第一步，而社群将成为创意成真的催化剂。

以《连线》杂志主编克里斯·安德森为例说明。安德森在畅销书《长尾理论》（*The Long Tail*）中大力提倡一种利用非热门的小众市场获利的商业模式（如亚马逊、奈飞公司），即以小宗销售的形式向极其分散的客户群体销售大量罕见（或需求不旺）的商品。从很多方面而言，安德森的理论与新科技如何让我们能够利用大众的力量有关，而这也是他本人秉持的一个理念。

“我认为单打独斗不能成事。”安德森解释道，“一个人的项目基本上难逃失败的宿命，因为这种项目无法持续向上突破。如果我的某个项目无法吸引到一个团队，那么我大概会认为这个项目有什么问题。”为了证明这一点，安德森以亲身经历现身说法。

他曾构思过推出一个博客，目标受众是和他一样痴迷于技术的书呆子父亲。他在自己的博客上分享了这个创意，旋即吸引了一群热情的支持者。因此，《连线》博客家族的又一成员“极客老爹”（Geek Dads）便应运而生。安德森说，如果当初这个项目没有在6周内吸引到一个靠谱的团队，他就会将这个创意雪藏。

安德森利用个人博客分享自己著作当中的创意并对其进行“外部测试”。“我的理念就是将自己的所有创意无偿奉送给大家。”安德森解释道，因为他知道“集体智慧远超过自己闭门造车，这将有助于创意的改进。”安德森的新书《免费：终极价格》（*Free: The Future of a Radical Price*）就是这个观点的最佳证明。这本书与《长尾理论》一样，都源于《连线》杂志上首发的专题文章。安德森以博客为平台，基于评论和电子邮件中收到的反馈意见，提炼了书中的概念。从某种程度而言，他预见到了批评的出现，因此在这本书中有一整章都是“围绕着投诉、忧虑或抵制意见展开”。在这一章中，安德森直接引用并回应读者提出的问题。通过与群体分享自己的创意，他在专著发布前就开始吸引关注此书的受众，同时利用读者的集体智慧锤炼自己的论点。

在企业界，慷慨分享创意必不可少，因为它不仅能永葆创意的活力，而且能最大化地利用资源。在团队内部，抑或是在团队之间，新创意常常是提升企业效率和效益的具体方式。

我在高盛集团供职时，有幸与时任公司首席学习官的史蒂夫·科尔（Steve Kerr）共事。科尔之前在通用电气集团担任其他职务时，领导着公司著名的克劳顿倡议 (Crotonville initiative) 的相关工作，并参与了“无边界组织”的开拓性研究与首次实践。他的理念是，消除部门之间及组织与客户之间的传统边界，有利于促进创意和经验做法的交流。

他经常提及“将信息藏着掖着非君子所为”，并指出有好方法却不与团队或部门同事分享，本质上等同于在公司实施盗窃。如果你想到或意识到团队可以通过什么方式提升工作的效果，却没有与同事分享，科尔就会认为你从团队中窃取了什么。因此，他呼吁采取支持创意交流的管理方法，并且强调让员工在公司内部流转是明智之举，有利于团队和部门之间更有效地传播创意。

在官僚体制的机构里，你有时必须让员工在各个岗位流动，并真正共享人员，才能实现创意的共享。这一点也适用于所有的创新工作：当我们乐于分享创意并找出行业前辈已有的发现时，成功的概率就增加了。

克里斯·安德森和史蒂夫·科尔的事例令人耳目一新，但他们却与老一代的一些知名创意人士格格不入。史蒂夫·乔布斯因苹果公司极其严格的创新保密措施为人所诟病——不仅对公众保密，甚至在公司内部的团队之间也是如此。教授们也一再劝告创意专业的学生，分享创意应谨慎。当然，总的来说，版权与创意保护背后的考量还是有一定意义的。考虑到我们对创意的满腔热情和优秀创意的潜在价值，对创意的保护欲也情有可原。

尽管如此，我的研究表明，分享创意显著提高了创意得以发展及最终成真的概率。创新专业人士和企业家也同样宣称，将创意告诉他人之后，他们对这个创意更加全心投入。事实上，优秀的创意千千万，但很少有人具备这样的自律和资源将他们变为现实。当你的创意众所皆知时，这些创意更有可能被完善，而你也更有可能持续关注它们。

从克里斯·安德森身上我们可以看到，技术的进步使创意的迅速分享变得空前容易。技术使传播变得容易，推动了进步，也让大家更好地承担起责任。在各行各业，新型的平台让我们每个人都能够组建自己的网络，迅速传播自己的新作。粉丝或关注我们的人通过诸如推特和脸书之类的社交工具为我们鼓劲，这增加了我们坚持某个具体项目的可能性，也让我们更容易熬过项目平台期的低迷。当然，这些工具的潜力取决于我们是否愿意保持开放的心态。

多数创意最终孤独地凋零，因为它们没有被分享，结果终究成为过眼云烟。因此，你需要与群体打成一片，即使这与自己的天性相悖。你应当慷慨地分享自己的创意——即使不是为了个人成就，也是为了全社会。从更高的角度看，有些优秀的创意，即使你选择不予执行，也应当抱着创意能成真、惠及大众的美好愿望。

利用反馈

与他人分享创意时，你能当场察觉到他们是否积极参与你的创意。仅凭借参与程度，就能揭示创意的价值和潜在缺陷。而且，随着大家不断参与到你的创意中来，他们会逐渐形成对这些创意的看法。最理想的情况是，这些看法会催生交流，而交流又会带来有用的反馈。

反馈的价值毋庸置疑。反馈是一种强大、清醒的力量，有助于提炼优秀的创意，扼杀糟糕的创意，以及暂缓不成熟的草率创意。但既然反馈对创意落地如此关键，且又唾手可得，为什么没有引起足够的重视呢？在我们调查的初创企业以及成熟企业的创新团队当中，很少有团队在促进反馈交流这一点上给予足够重视。

许多创新人士甚至无法容忍反馈。

在创新的世界，反馈被包裹在重重迷雾之中，这个问题归根结底就在于动机不足。尽管反馈的价值很高，但给予他人反馈的动机却很低，真正愿意倾听反馈的人也几乎没有。毕竟，大家对追求自己的创意都甘之如饴。每个人都敝帚自珍，没有人愿意听到别人扎心的大实话。

然而，我们对自己的创意越狂热，越是需要这样一盆现实的冷水醍醐灌顶。尽管反馈可能会带来面红耳赤的争执，但只要我们能容忍反馈，就能从中获益。那些最善于寻求和吸收反馈的人将它视作一笔财富，甚至从某些角度，将其视为一种非财务性的报酬形式。在项目尾声阶段，他们会征求他人的反馈。“那件事怎么样了？”“我说的事情有没有什么不合理？或者我说的事情，你们有没有不同的做法？”类似这样简单的问题能触发交流，带来有价值的观点，也能为将来更为和缓的反馈交流奠定基础。

无论你是一个自由职业者还是大型团队的经理，都可以开发一些持续收集和交流反馈的方法。惠普公司领导力发展副总裁斯蒂芬·兰道尔（Steffen Landauer）向我传授了一个让小团队变得高效的诀窍。他鼓励领导者给团队的每个成员和关键客户发送电子邮件，要求每个收件人回复几点反馈，并在邮件信头标注“开始”“停止”和“继续”。

他要求每个收件人分享几件各个同事和客户应当“开始”“停止”和“继续”的事项，然后将事项清单回发给团队领导（团队领导的反馈除外，应改寄给团队内其他人）。最后，整合每封邮件信头包含的观点，明确大致的方向：例如，多数人都建议斯科特“开始”做什么，“停止”做什么，“继续”做什么？过滤掉那些只有一个人提出的个别反馈意见，保留大家普遍的主流观点并与团队各成员分别面对面交流看法。

我观察到，这个快速反馈交流的方法（及其变体）在各行各业的小型团队中都相当奏效。反馈交流必须简单，并且以行动为导向。标注“开始”“停止”和“继续”的方法尤其具有行动导向性，且操作便捷，每年可多次使用。

与“开始”“停止”和“继续”的方法类似的机制可加以调整，使其适用于任何项目。它们不仅能用于创意落地过程中的情报收集，还能向由协作者和客户构成的群体发送信息。这些信息表明，你欢迎反馈，始终精益求精，积极学习。

我们在研究中遇见的一些人甚至认为，反馈交流是一种强大的自我营销形式，能为项目本身带来质的改变。诺亚·布利尔（Noah Brier）就是一个优秀的范例。他是纽约市一家优秀的小型广告与数字营销公司野蛮人集团（Barbarian Group）的策划与策略主管。

在一众广告与数字传媒精英中，布利尔因担任红牛（Red Bull）、松下和美国有线电视新闻网等大品牌背后的策略师而声名鹊起。然而，在技术与营销的大家庭里，让布利尔备受推崇的却是他持续的微创新。不论是汇集了几百万人关于品牌特点的观点的网站“品牌标签（Brand Tags）”，还是由创新人士每周晨间聚会演变而来的、在全球引起轰动的“志趣相投（Likemind）”项目，布利尔在创意方面始终大胆创新，敢想敢做。

布利尔认为，反馈在这两个项目的锤炼和拓展中扮演了关键角色：“我深入参与了这两个项目，花费大量时间回复每一封提出疑问的电子邮件。我认为个人层面的接触和反馈很重要。这个层面的介入让我们了解那些参与‘志趣相投’项目和使用‘品牌标签’网站的人群，有助于我思考拓展项目的新创意。”

布利尔通过线上渠道收集项目反馈，而辛克设计公司（Thinc Design）的创始人汤姆·海恩斯（Tom Hennes）则是在现实生活中吸取反馈。辛克设计专注于会展设计，擅长执行一些广受关注的项目，如纽约世贸中心美国 9·11 国家纪念馆（National September 11 Memorial Museum at the World Trade Center）的展览（计划于 2011 年揭幕），这个展览必须在无数的相关方当中建立共识。该公司近期与建筑师伦佐·皮亚诺（Renzo Piano）合作，规划和设计加州科学院斯丹哈特水族馆（California Academy of Science’s Steinhart Aquarium）的展览，展区面积高达 5 万平方英尺。海恩斯习惯在现实生活中创造新事物，强调通过观察和倾听工作当中的反馈去收集反馈信息的重要性。

只要有时间，他就会抽空到水族馆，观察观展群众的反应。海恩斯解释道：“我利用这个时间真正地琢磨自己的作品，了解自己的设计效果如何，以及呈现的效果与之前的构思有何差距。”之所以利用大家开始观展的这段时间，是因为我看到的一开始的这些举动通常颇具代表性。前 15 个走进来的人基本上会把我需要知道的东西告诉我。虽然不时也会有一些门外汉，存在一些变数，但大体上，他们要么觉得我的创意很受用，要么置之不理，要么就是无法理解。我观察这些人，看看他们的反应，记在心里。这为我在思索宏观问题时，提供了可借鉴的具体依据。我据此检验脑中的想法在现实中的效果。虽然只是一次展览，但是它开始在我的脑子里建立起这样一个基础认知库，即某种做法收效将会如何。

以上例子都揭示了，反馈有助于改善现有创意，激发创新，改善你与同事和客户的关系，为你提供有关可行性的信息，供你长期参考借鉴。不论身处职业生涯和创意的哪个阶段，你不仅应当接受反馈，而且应当主动寻求反馈。上级主管、同事和客户有义务分享反馈信息，而你也应当鼓励他们这么做。

信息透明推升群体力量

没有什么比信息透明更能促进反馈交流了。如今，只要你愿意，就能让每一个相识的人一直看到你的工作进展。这听起来似乎是一种不怎么招人待见的价值主张，与“裸奔”工作无异！然而，充分利用群体助益的能力的确取决于你对自己的创意、目标和进展等相关资讯的公开程度。

网络零售公司美捷步的首席执行官谢家华和很多人讲过，微博和社交网络平台推特是如何帮助强化其公司外部（即与顾客）的关系和内部（即员工之间）的关系的。当他决定通过推特公开个人和工作资讯时，掀起了巨大波澜。谢家华在公司博客上发布的一篇日志中给出了如下解释：

彻底的信息透明是推特文化的一部分，因此我决定试一试，为我自己，也为了美捷步，尽量做到信息透明。这一点也与“美捷步的核心价值观”一脉相承，即：“通过交流构建开放和坦诚的关系。”我发现，大家由衷地欣赏开放和坦诚。这导致的结果是，较之推特上的其他公司和商人，美捷步和我在个人层面上让人感受到更多的共鸣。

保持信息透明并经常发布推特日志，这让推特几乎成了我的直播间。我知道自己要经常发布所思所想、所作所为，因此更清楚地意识到、也更努力地秉承着我们公司的核心价值观。

很多人将推特作为投诉或发泄情感的方式，但我基本上尽量避免这么做，因为这不符合我们的核心价值观。我发现，这不仅让我在实际生活中少了很多抱怨，而且还让自己的幸福感噌噌往上涨。

通过使用推特，谢家华为自己和公司创造出了一种强大的责任感，同时他还通过一种私人且坦诚的方式与自己的群体（在这个情况下，即“粉丝”）交流，借此逐步构建美捷步的品牌形象。

将创意演化进程进一步公开化也有助于分享主人翁意识，去芜存菁和测试项目的可行性。一旦你将创意变为项目，周遭的所有人都将目睹你的进展。当你在开发过程中分享项目的各方面情况时，你将会收获实时反馈和问题，它们揭示了未曾设想到的种种可能性。当你分心或偏航时，会有人质问你为何转移了注意的焦点。你的群体会逐渐期待你持续更新情况，同时也会成为鼓励和建设性批评意见的源泉。工作场合使用的社交工具，如推特、脸书，还有其他细分行业的关系网，以及我们开发的在线行动方法应用程序，正日益提升创新过程的信息透明度。

想象一下，由社群参与新创意的方式会让这些创意逐渐风靡（或陷入停滞）。帕里斯·惠廷厄姆（Parris Whittingham）是一位摄影师，主业是婚礼摄影。他亲眼见证了信息透明带来的好处。惠廷厄姆在彼罕思网站上发布了在纽约布鲁克林一场婚礼上拍摄的一些照片之后，另外一位网站会员阿尔坎·奈尔（Archan Nair）就联系他探讨合作的可能性。

经惠廷厄姆首肯，奈尔用亮丽的颜色在一张照片上涂下了几句俏皮话。照片里的年轻男孩，衣冠楚楚，颇为夺目。他将类似的技法运用到其他照片上，并在彼罕思网络上与惠廷厄姆发布了这个合作项目。这个合作项目随后引起了嘻哈名人坎耶·维斯特（Kanye West）和博主约什·斯皮尔（Josh Spear）的关注，这让惠廷厄姆和奈尔获得了认可，也带来了一系列新的工作邀约。

信息透明除了能带来合作机会和有用的反馈之外，还有可能因为其他人也看到了你的行动并帮你搭建起个人无法触及的某些人脉，从而推升你的效率。安德鲁·佐里（Andrew Zolli）是知名会议与社会创新网络品牌大众科技（Pop！ Tech）的领导。他向我们讲述了信息透明如何让自己变得更有组织条理性。“我放弃了隐私。”他说道，“我发现，自己可能会觉得尴尬的问题其实不过稀松平常。如果你愿意让人们走进你的生活，他们就能找到自己需要的东西。我敞开了自己的生活。我的日程表、电子邮件和社会关系全部都与群体分享。我的信息是高度透明的。你可以把我当作合伙人，随时看到我的一举一动。”

信息透明的程度各有不同。尽管有些方法和工具存在于你的舒适圈之外，但其实只要稍微提升信息透明度，就能够帮助你充分利用周围的群体力量。这样，你的创意将被广泛分享，那些关心你工作及最新项目的人也会订阅这些信息。你会收到更多反馈，因为每个关注并评论的人都会注意到你的进展。在各种情况下出现的大量人脉会让你的项目焕然一新。尽管这个过程可能令人不适，但是在满怀期待的同事、朋友和粉丝的监督下，你更有可能集中注意力，循序渐进。

圈子是引导群体力量的最佳渠道

如果你平常不在团队里工作，那么你也许会想建立属于自己的团体。作家圈由作家群体构成，他们每周碰面，以衡量彼此的进展并互相激励。但是，这种“圈子”并不仅限于文学界。

克劳德·莫奈（Claude Monet）经常被认为是印象主义画派的奠基人，然而，在当时掀起革新浪潮的印象派运动却起源于一群朋友与艺术家同行。最早的圈子成员包括克劳德·莫奈、皮埃尔·奥古斯特·雷诺阿（Pierre–Auguste Renoir）、弗雷德里克·巴齐耶（Fr é d é ric Bazille）和阿尔弗莱德·西斯莱（Alfred Sisley），后来卡米耶·毕沙罗（Camille Pissarro）、爱杜尔·马奈（Edouard Manet）、埃德加·德加（Edgar Degas）、爱弥尔·左拉（Émile Zola）和保罗·塞尚（Paul C é zanne）也加入了。一开始，原本就是朋友的这 4 个人经常住在同一屋檐下并一起工作，共用资源，激励彼此大胆尝试，借鉴彼此失败的经验。莫奈在当时接受的一个访谈中明确了印象派圈子的重要性：

1869 年我初次见到马奈，但我们一见面，立刻就成了挚友。他邀请我每晚到巴蒂诺尔区（Batignolle）的一家咖啡馆去找他。他和朋友结束工作室每天的工作之后会在那里碰头。在那里，我遇见了塞尚，还有刚从意大利旅行回来的德加、艺术批评家杜兰蒂（Duranty）、在文学界开始崭露头角的爱弥尔·左拉，还有其他一些人。我把西斯莱、巴齐耶和雷诺阿一同带了过去。我们互相交谈，各种观点持续碰撞，没有什么比这更有趣的了。他们总是在思想上吊足了你的胃口。你激励其他人提出诚挚、客观公正的问题，同时自己也得到激励。你积蓄了满腔热情，这让你连续几周干劲十足，直至最终脑子里的构思得以成型。结束会面回家时，你总会对这样的争论抱有更积极的态度，产生一种全新的使命感，头脑也变得更清晰。①

尽管天才单打独斗是一种普遍存在的观点，但在故事中印象派画家组成的朋友圈里，大家互相激励，取得绘画界的重大突破，这样的例子比你想象中更为普遍。诸如此类的圈子在各类创新行业的创意落地方面扮演着至关重要的角色。在有些情况下，利用圈子已成为一种惯例，然而有些情况下，正式的圈子并不存在。不论如何，对所有创意领导者而言，圈子很有价值且大有裨益。

在商业界，青年总裁协会（Young Presidents' Organization，即 YPO）因其“论坛”制度广为人知。尽管这个庞大的组织拥有多达数千位会员，但是每个人都会被分配到一个 8~10 位成员组成的小组，每年见面 10 次，“在私密、互信和开放的氛围中分享各自在商务、家庭和个人方面的经历。”该组织认为，“总裁的工作经常被认为‘高高在上’，而论坛正是对抗这种孤立的一剂良药。”对于参与协会的商业领导者而言，论坛提供了人们期待从圈子里获得的那种建议、激励和责任。

康奈尔大学的一个小型领导力发展团体也采用了相似的制度结构。一群年轻校友沿袭了具有 118 年历史的“高级联谊会”传统，开始进行小规模集会，分享职业抱负和个人面临的挑战。这个始

① Michael P. Farrell 所著 *Collaborative Circles: Friendship Dynamics & Creative Work* (Chicago: University of Chicago Press, 2001)，第 27—67 页，“The Life Course of a Collaborative Circle: The French Impressionists”章节。

于数年前，旨在方便校友保持联系的小小尝试，如今已成为一个由成百上千位冉冉升起的领导新星组成的全球关系网，虽然鲜为人知，但它让这些领导新秀以小团队的形式会面，并且每年集体会面——唯一的目的就是分享创意、坦诚地反馈交流，以及培育责任感。

在众多年轻专业人士竭力挣脱传统职业的“铁饭碗”时，康奈尔大学毕业生组成的这个特殊群体却不安于现状，早就跑在了大多数人前面。他们创立新企业、成立非营利组织、竞选政治职位，交出了一份亮丽的成绩单。“这个关系网为我注入了更多勇气，提供了更多指引。”其中一位成员如是说。与青年总裁协会的论坛类似，在这个组织内部时常会面的区域性小团体也是一个活生生的例子，它展示了圈子的力量，以及圈子如何激励我们大胆冒险并一以贯之。

不论你的兴趣点在哪儿，或是身处哪个行业，玩转圈子有几个关键点。我将其称作“圈子法则”。并且我想说的是，在酝酿圈子、管理圈子甚至有时需要放弃圈子的时候，都应牢记这些法则。当你构建一个正式的圈子或推动现有的一群志同道合的专业人士承担类似圈子的功能时，可以考虑执行以下准则：

（1）将圈子限定在 15 人以内。如果团体的总人数超过这个数字，成员们会觉得自己是对集体负责，而不是对每一个个人负责，这样效果就会打折扣。将团体控制在这个规模的另一个原因纯粹是出于后勤方面的考虑：超过 15 人，协调和组织将变得异常困难。此外，如果涉及在线论坛和连续转发电子邮件，超过这个规模的团体就会显得缺乏人情味，令成员们难以畅所欲言。

（2）制定一个清晰、连贯的会议日程。圈子可以是持续的，也可以是限定次数的。这些限定次数的圈子在限定次数的会面之后就结束了。选择哪一种形式的会议，可能要考虑背后的原因：一群编剧可能会召集限定次数的圈子，以追踪在同一部剧本创作中每个人的进展，而一群青年企业家可能会创建一个持续的圈子，以探讨商业问题和解决方案。

（3）频繁会面，担负责任。为了让大家展示自己的个性，限定次数的圈子至少应当进行 5 次会面。而持续性圈子通常每月或每两周见一次面。无论会面的频率如何，所有参与者都有责任按时出席，这一点至关重要。圈子内部必须就出勤达成共识，因为会面的目的就是要让成员逐渐熟悉彼此。如果某一位成员缺席的次数超出公允范围，就必须要求其离开，因为出席的持续性可能会构筑或破坏一个圈子的共同担责体系。

（4）指派一位领导。每个圈子都需要有一个人监督活动日程，面对时而缺席的成员，推他们一把。有些圈子成员比其他人更容易参与融入。但最称职的圈子领导能够让那些开小差或难以融入的成员也参与进来。此外，领导还应协助对话开好头，收好尾，同时要留意会议的时长。

（5）拓展你的线上圈子。如今社交技术日新月异，线上工具可以也应当为圈子所用。然而，纯粹虚拟的圈子也有硬伤。缺乏眼神交流，也不像固定会议那样按时开始和结束，这样很难做到在真实且密切的体验中才有的践诺与坦诚。尽管如此，每个领导者都应当考虑将圈子的一部分活动转移到线上——可以借助储存文件的在线“投件箱”（对需要预读文件的写作圈子有帮助），或在线讨论区，让线下对话得以继续在线上进行。

不论你属于哪个行业，经验如何，圈子都能成为你创新事业的助力。你对圈子里其他同伴的贡献将会提升圈子集体经验的价值。正如生活中其他多数关系一样，予人玫瑰，手有余香。

圈子或是生活中的其他环境还可能催生另外一种有趣的互动力量——竞争。身处同行之间，当别人分享自己的进展时，你会开始感觉到进一步完善和追求创意的压力。这种竞争的氛围可以成为积极的推动力。

寻求竞争

6 年就是 2190 天。令人赞叹的创意成果往往是经时间雕琢的产物，但诺亚 · 卡里那（Noah Kalina）的“每日”项目却因始终如一的坚持和背后推动它轰动全球的力量而独树一帜。卡里那承认，每天拍一张自拍照的创意，虽然迄今为止已坚持了 9 年，但它一开始并不是什么壮举，也谈不上什么雄心壮志。

每晚睡觉前，卡里那都会用数码相机拍下两张自拍照。2006 年 8 月 27 日，他将一段名为“每日”的视频上传到油管（YouTube）网站。视频滚动播放他 6 年间拍摄的自拍照，还配上了他当时的女友兼合作伙伴，布鲁克林当地人卡利 · 卡曼多（Carly Comando）制作的音乐。该项目成为油管网站史上最热门的十大视频之一，吸引了逾 1400 万人观看。卡里那的这个创意，以及在这之前为此的付出投入，被全球各地的人们视为艺术以及灵感的来源。在这段视频发布之后，他不断在各种场合亮相，包括《早安美国》（*Good Morning America*）、《哥伦比亚广播公司晚间新闻》（*CBS Evening News*）、《美国广播公司新闻》（*ABC News*）、VH1 电视台、《纽约时报》（*New York Times*）、《华盛顿邮报》

（*Washington Post*）和《洛杉矶时报》（*Los Angeles Times*）的新闻采访，这些都有力地助推他在摄影职业领域更上一层楼。

卡里那通过每日自拍记录生活的创意演变成为一个由每日一个任务构成的、横跨多年的大项目。然而，出乎千百万围观群众意料的是，卡里那一开始并没有具体的项目计划。即使在拍了好几年自拍照之后，他也不知道这个项目将如何（或是否会）呈现在世人面前。这只是个创意，一个创新项目，每天只要花几分钟执行即可。尽管组织和自律的力量让卡里那日复一日地执行这个任务，但它一直是卡里那一个人的冒险，直到另外一个力量——竞争的出现，打破了这个平衡。一天晚上，卡里那在浏览摄影社区的各种博客时，偶然瞥见了摄影师阿瑞·李（Ahree Lee）拍摄的一段视频。这段视频是阿瑞·李将她3年来日常拍摄的自拍照剪辑而成的。

卡里那拍摄了6年自拍照之后，才有了将这些照片汇集在一起的动力，这最终成就了史上最受欢迎、风靡全球的一个视频。也许，令人惊讶的是，这样的动力既不是源于项目的驱动，也不是朋友同事的鼓励，而是源自阿瑞·李。卡里那看见了阿瑞·李的视频，知道自己能够呈现比她更丰富的作品。阿瑞·李的项目成为卡里那强有力的行动催化剂。在那之后，他为了向全世界展示自己的项目，坚定不移地埋头苦干。在世界各地，汇集个人日常摄影作品者云云，但卡里那做到了数年如一日孜孜以求，并且在当时，他就笃定这个项目将会受到瞩目。

如果没有卡里那每日一张自拍的坚持，这个项目也无法走到今天。如果没有阿瑞·李的竞争鞭策，这个项目也无法变成他事业逆袭的奇兵。如果没有与卡曼多在配乐上的合作，这个视频也许也无法取得这样的影响。卡里那的创意也未必多么新颖出奇，但这个项目背后的付出与自律令人惊叹。而且，如果没有竞争的催化，谁晓得他什么时候会将这个项目展现在世人面前?

创意通常有种停滞的惰性，直到兴奋或恐惧骤然唤醒我们采取行动。设想自己首先想出来的创意却被别人完成并因此收获掌声，声名大噪，这样的结局令人痛心疾首。创意是我们内心深处的自我认同感与灵光一现之惊喜的神圣产物。有人可能会认为，创意就是我们的自我认知和自我期待的延伸。这也解释了为何竞争激发了我们几近本能的东西——达尔文所谓的生存竞争。

因此，无论出于同事之间的友好情谊或是彻头彻尾的嫉妒，竞争都是一种极其强大的驱动力。它作为行动的催化剂，推动我们提升总体绩效水平。任何一个领导者，如果没有一群竞争者迫使其始终在正轨上行进，很容易就会模糊了焦点。你身边的竞争力量会展示出更高明的行事办法。观察并逐渐了解这些办法，而不是自欺欺人，当他们不存在。你应当积极地寻求竞争，并对此心怀感激，即使这可能违背你的天性。拥抱竞争，你就能在比赛中占得先机。

全身心投入，以身作则

当你推出一个新项目时，你想要让所有认识的人都广而告之。你想要向潜在客户和顾客介绍项目；最后，甚至会想发动周围的群体翻找通讯录、挖掘所有资源，帮助你为自己的创意摇旗呐喊。可如果连你都没有向众人展示出对自己所宣传的创意的全身心投入，那就有问题了。

此刻，瑞贝卡（Rebecca，化名）的例子浮现在我的脑海。瑞贝卡胸怀大志，是纽约市的一名珠宝设计师，曾向我咨询关于推出新的经营项目的事宜。她利用周末业余时间开发了一个令人惊艳的珠宝系列，在早期客户中引发了热烈反响。此外，她也在互联网博客上收到了一些好评，这不仅推升了网站流量，还带来了一些意想不到的产品销售。这样，她对这门生意的潜力愈发自信，开始严肃地考虑这项事业。

当她提出一些颇有见地的问题并匆匆记录我的建议时，我被她的决心打动了。随着交谈的深入，我开始考虑可以给她什么帮助，可以将她引荐给什么人。当时，彼罕思在珠宝设计界的影响的确日益扩大。也许我可以写一篇关于她事业追求的文章，或者把她引荐给一些真正能帮她推出产品系列的知名时装精品店店主？虽然我被瑞贝卡打动，为她感到热血沸腾，但是心中的一丝顾虑让我踟蹰了：瑞贝卡还未全身心地投入到这个商业项目中。在投行担任分析师的全职工作依旧耗费了她大部分时间。她甚至向我透露，有些近期的订单太大了，无法供货。这下，她只能在有限的业余时间里，手忙脚乱地升级网站，并雇用一些兼职人员帮忙组装这些珠宝。

我最大的顾虑是，瑞贝卡无法应对我想要提供的这些引荐和机会。如果我帮她引荐，不仅会给她造成不良影响，而且也可能让我颜面尽失。她真的愿意抛弃“铁饭碗”，踏入这样一个风险更大的职业当中吗？她是不是真的打算全心全意投入其中？我进一步打听，才发现自己似乎不是瑞贝卡能够动用的唯一的人脉关系。在尽一切可能提供帮助之前，我们都在等待她的全身心投入。

当你当众承诺并承担起创意落地的风险时，你会收获我所谓的“承诺福利”。它代表了他人更有可能冒着财务或名誉方面的风险，支持你的项目。

当我就成功道路上的转折点这个话题，询问一些新创企业的领导时，他们经常会谈起将决意在人生中做出的巨大改变（因此也意味着风险）告知自己关系网的那一刻——向亲朋好友寄送公布决定的电子邮件，或是亲笔撰写有关改变缘由的博客日志。只有在公开承诺之后，他们才能感受到群体的全力支持。

如果你做出承诺，周围的群体会更愿意动用资源、倾囊相助。尽管在一头扎进去之前花点时间修补自己的创意是允许的——甚至是明智的，但是必须认识到，只有在你给出完全的承诺之后，群体才会站在你身后，共同支持你。

创建责任体系

在所有群体力量当中，最重要的或许是有助于责任感的建立。鉴于已讨论过的创新人士的种种倾向性，我们需要别人的帮助才能保持注意力并全身心地为自己的目标奋斗这一点也就顺理成章了。我们可以用很多种方式为自己创建责任体系。在 TED(即科技、娱乐与设计的缩写) 年度大会上，舞台的力量帮助领导者对那些大胆的目标担起责任。形形色色的在线社交网络为艺术家提供了传播作品的工具。对自由职业者和远程工作者而言，共同办公运动提供了一个群体工作空间，促进其集中注意力。

聚光灯的压力

这是加利福尼亚州长滩市（Long Beach）一个清新凉爽的周二上午，其时 8:30。大约有九百人从世界各地奔赴这里，参加 TED 年度大会。科技界、娱乐界和设计界的领导者共襄盛举，聆听一系列精心策划的、关于各行业新创意与突破的演讲，每个演讲历时 18 分钟。与会嘉宾不远万里来到这里的另一个目的，是为了在 5 天会议的休会时间与晚宴期间相互会面。

观众席里明星云集。从比尔·盖茨（Bill Gates）、史蒂夫·沃兹尼亚克（Steve Wozniak）这样的科技传奇人物，到谷歌创始人拉里·佩奇（Larry Page）和谢尔盖·布林（Sergey Brin），再到罗宾·威廉姆斯（Robin Williams）和本·阿弗莱克（Ben Affleck）这样的娱乐偶像，每个人都踏上这片土地，沉浸在积极的、充满惊喜的探奇之旅中。TED 的口号是“值得传播的思想”。会议总策划人克里斯·安德森（Chris Anderson，与《连线》主编克里斯·安德森不是同一个人）解释道，大会的目的是“让优秀的人登上 TED 的舞台，让其他一切顺其自然地发生。”但大家共同抱有的更大期待是，让一些最为重要和适时的创意吸引聚光灯的关注，并积蓄前进的动力。与大多数会议不同，TED 会场里的大多数人兼备大胆的创意以及实施这些创意所需要的资源和影响力，这是颇为罕见的。

这些坐拥创意与资源的杰出人士拥有巨大潜力，但倘若没有任何责任激发措施，这些潜力将被白白浪费。幸运的是，TED 大会有一个名为“TED 大奖”的机制，每年颁发给三位在各自感兴趣的领域崭露头角的领导新秀。根据官方网站的说法，TED 大奖“旨在利用TED社群杰出的人才和资源。这个奖每年颁发给3位杰出个人，每人可获得10万美元奖金，更重要的是，得奖者还将被授予一个‘改变世界的愿景’”。TED大奖的获奖名单在年度TED大会前几个月确认，获奖者按要求必须准备一个关于自己的“愿景”的18分钟演讲，在大会颁奖典礼上陈述。

TED大奖往届获奖者包括美国前总统比尔·克林顿（Bill Clinton）、科学家爱德华·威尔逊（E. O. Wilson），U2乐队主唱保罗·大卫·休森（Bono，又名波诺）和致力于寻找外太空星球智慧生命的全球性科学组织——SETI研究所主任（SETI Institute）吉尔·塔特（Jill Tarter）。这些获奖者有一个共同点：他们都是所在行业的领导者，都抱有对世界的大胆愿景（无论在非洲与艾滋病抗争，还是保护地球生物多样性等），并且拥有相应的资源和关系网以积极追寻这些愿景。事实上，TED大奖的获得者可能是世界上最有资源和能力去追寻那些他们与TED观众分享的愿望的人。

当TED奖获得者一个个地走上舞台领奖并向全世界展示他们的愿景时，台下观众席中的行业巨头们聚精会神地倾听着。在每个获奖者陈述的间隔期间，会有视频滚动播放去年那些愿景的最新进展。极富影响力的观众与过往愿景的进展双剑合璧，在新获奖者心里激起了一种不言而喻的强烈责任感。每一位获奖者都知道，一年后，他们将向TED观众，甚至整个世界展示他们的进展。

TED大奖是一个活生生的例子，它揭示了如何利用聚光灯推动自己专注于一项有潜力的事业。周围的人在督促你保持对自己创意的责任感方面扮演着至关重要的角色。即使你拥有执行创意的资源及一切所需，你依然能够从只有他人才能够提供的推动力当中获益。

关系网的力量

一天深夜，我在浏览网页的时候，偶然发现了布鲁克·戴维斯（Brock Davis）的作品。戴维斯几个月前发布了一个名为“每天做点酷玩意儿”的项目，出乎意料地收获了每天几万的访问量。2009 年初，戴维斯宣布他会每天创造一些新的“酷玩意儿”，然后上传到彼罕思网络。随之而来的是层出不穷的系列作品，每一个作品附有说明文字并包含巧妙的艺术悬念，让你迫不及待地期待下一个作品的出炉。通过切实的持续更新，戴维斯在网络上培养了一群受众，他们每天都会访问他的作品集，查看他最新发布的日志，为他加油鼓劲。心中有了这些满怀期待的观众，反过来激励戴维斯继续频繁地发布作品。

当时我不知道的是，戴维斯只是近千名通过各种在线网络聚集到一起的创新专业人士中的一员。他们组成了一个叫作“每天做点酷玩意儿”的小组，集体里的成员大多是创意群体中的自由职业者。他们都一样下定决心，不断开发自己的系列作品，获得反馈，在与时间的赛跑中开展自己的工作。当然，整个合作毫无疑问取决于其他参与者的责任感，以及全球成千上万被这个每日不间断上传原创作品的项目所吸引的访客。

责任感的力量来源于你的社群，即你周围的那些关注你的工作和生活的人。前面我们讨论了信息透明和加入、创建同伴圈的好处，你也了解到，将任何一个项目“公之于众”，将大大增强你对自己创意的责任感，而当你当众宣布自己的目标时，这种责任感更甚。

共享工作空间的好处

在传统的企业界，团队内部和面对面交流当中的层级制度、反复的碰头会议和各种繁复的项目管理工具都是责任的来源。有人时刻给我们敲警钟能起到积极的作用。有时，我们需要别人从后面推一把。

然而，传统企业环境中的许多责任机制过于繁重、过时，打击了员工的积极性。如今，一系列全新的技术使我们能够在不露面的情况下向同事和经理担责。我们可以在世界上任何一个角落查看电子邮件和日程安排。理论上，人们总能联系到我们。从某些方面而言，科技孕育的各种建立责任感的方式也让我们的生活更自由、更灵活。

为了了解如何将责任机制融入灵活的工作流程中，以适应创意构思的需要，我们有必要深入探究“共同办公”运动。

共同办公的概念很简单。各行业的专业人士——不论是自由职业者或是全职的远程工作者——聚集到一个第三方的空间共同工作。可以是咖啡馆，也可以是出租办公桌的开放办公空间。尽管这些专业人士也许永远不会合作，但是他们共享的工作环境有助于提升专注力和专业水平。从某些方面而言，共同办公提供了办公室环境下的种种好处，免去了许多麻烦。没有老板在场，不需要花时间面对面交流，也没有办公室的尔虞我诈。然而，每个人依然略微感受到集中注意力的压力。此外，传统工作环境有的经验交流和即兴合作在形形色色共同办公人员之间甚至更为活跃。

托尼·巴西加卢波（Tony Bacigalupo）是纽约市共同办公运

动早期的支持者，并最终创立了名为“新工作城市（New Work City）”的实体共同办公空间，供众多各行各业的自由职业者和远程工作者日常使用。巴西加卢波认为，共同办公为所有将追求创意作为职业的创新人才提供了解决方案。他解释道：“我们是群居动物，被囚禁在一个充斥着干扰的孤立空间里会发疯的。更重要的是，我们需要互动和激励，以集中注意力。”谈到来自各行各业的个人聚集到一个共同的社交环境中所带来的好处，以及共同办公如何重新定义我们对于当代工作场所的概念，他的眼睛里闪闪发光。他告诉我，一天的共同办公结束之后，大家常常觉得自己好像完成了几天的工作量。

巴西加卢波回忆起早期共同办公时的一件趣事。当时，他收到一封电子邮件，里面有一个有趣的 Youtube 链接。这个干扰让他一时心痒，有种想点开的冲动，可瞥一眼周围那个一起办公的朋友正聚精会神地专注工作，他瞬间打消了这个念头。“社交环境迫使我马不停蹄地工作。”他告诉我，“让别人监督你的行为就有这种作用——这个人不一定是你的老板，而有可能是你打心底里尊敬的人。”

然而事实证明，激发责任感并不是共同办公的唯一好处。巴西加卢波还列举了共同办公的热潮带来的两件产物——工作机会和创新成果的不断涌现。他指出：“我有许多从事自由职业的朋友从共同办公当中获得了一些临时工作，有些朋友从老练的同事那里收获了有价值的反馈，还有一些基于共同办公环境下开展的头脑风暴创立起一整个公司。技能的多样性实际上是共同办公的一个优势。通过将各行各业的志同道合之士汇聚到一起，就能构建一支非常强大的人才队伍。”

于巧合中寻求激励

有些最高效的创意人士依靠时不时的惊喜激励自我。或者，也可以借用罗德岛设计学院校长前田・约翰在推文中的这句表述："观点和环境的多样性增加了'快乐的意外'的可能性。巧合源于不同。"激励不仅在开发新创意的过程中必不可少，在提炼某个具体问题的解决方案中也至关重要。不囿于自己的观点，从新的角度看待问题，会让大脑受益。

一些创新领导者将创造性的突破归功于过往的错误。在 2008 年的 TED 大会上，时装设计师艾萨克・米兹拉希（Isaac Mizrahi）说道，他的许多设计创意都来自"错误或眼睛的错觉"。错误之所以给人启迪，就在于它们出其不意。但你无须踏破铁鞋寻找这种偶然的巧合，只需要借鉴我们基于实践提出的若干相关策略——这些策略能够在日常工作环境中激发并利用这种巧合。

1. 在其他专业领域中工作

共同办公，以及将具有不同专长的人聚集在同一个工作环境里的做法会触发意想不到的交流。大量研究表明，不同学科的交叉是革命性创意的催化剂。弗朗斯・约翰松（Frans Johansson）在《美第奇效应》（*The Medici Effect*）一书中阐释了"不同领域、文化和行业的交叉"催生大量深刻洞见的观点。在书中众多例子中，有这么一个例子：一个渔夫与建筑师无意间的交谈，却无心插柳，孕育了一种全新的捕鱼网设计，提高了意大利渔民的效益。专业的多样性会激发对老问题的新看法。为了集思广益，我们必须避免在百花齐放的工作环境中将自己变成一座孤岛。

2. 利用错误

犯了错误之后，不妨让自己沿着错误的道路再往下走几步。即便仅仅是为了找到替代性的方案（这有时颇有困难），也可以将每一个错误作为一面透视镜，从不同的角度看待一切。最广为人知的一个误打误撞发现新大陆的例子，就是二战期间雷神公司（Raytheon）的科学家珀西·勒巴朗·斯宾塞（Percy LeBaron Spencer）发明的微波炉。当时斯宾塞从事雷达系统开发工作，以协助盟军侦察纳粹战机。有一次，斯宾塞站在一台正在运行的磁控管前面。之后，这位谦逊低调的科学家发现自己兜里揣着的糖果棒竟然已经融化了。对这次意外的进一步实验最终催生了一整个全新的产业。

另一个例子是便利贴的发明。便利贴的发明源于一批开发失败的黏合剂。这种黏合剂是在3M公司的实验室里调配的，但它的黏合力很弱，且不太牢靠，因此激发了将其作为暂时黏合剂的创意。这种黏合剂的弱点，事实上也正是它最出色的特点。

催生商用微波炉和便利贴的这些错误原本可能被当作一个黏糊糊的衬衫口袋和一批废弃不用的黏合剂，直接被忽视。然而，在这两个例子当中，相关的创新者决定利用这些错误，由此诞生了如今全球千家万户日常使用的两项发明。

2.2 向你的群体推出创意

现在，我们更容易理解单打独斗的创意为何难以成真。如果没有周围的力量将创意始终置于最重要的位置，那么它们将很快枯萎。如果我们的信息披露足够透明，那么借助周围人的反馈和责任感的建立，我们的创意就能够日渐风靡。每一个创意都有许多潜在的相关方，你的职责就是告知并吸引在你追求创意过程中能发挥关键作用的这些人。

只有充分推销你的创意，吸引他人参与，才能挖掘群体力量的作用。我们前面讨论的第一种群体力量全部属于“引力”类——吸引众人参与你的创意过程，以令创意受益。现在我们要讨论的是第二种群体力量——“推力”。对创意和自我的营销方式，决定了你的影响力，以及能够触及的群体范围。但扩大创意影响力的能力还取决于你在多大程度上体察他人的需求与关切。

战胜自我营销的羞耻感

2007 年 1 月 12 日，《华盛顿邮报》进行了一次脑洞大开的实验。参与实验的是一把价值 350 万美元的斯特拉迪瓦里小提琴（Stradivarius violin）、华盛顿的一个地铁站以及堪称世界上知名度最高且广受好评的小提琴家约书亚·贝尔（Joshua Bell）。

几天前，贝尔在波士顿交响乐厅演出，即使是低价票也要价一百美元一张。然而，在这个冬日的通勤早高峰，贝尔站在繁忙的郎方广场地铁站（L' Enfant Plaza Metro station），身穿便服，头戴棒球帽，拉奏着经典名曲——如约翰·塞巴斯蒂安·巴赫（Johann Sebastian Bach）的 D 小调第二组曲（Partita no. 2 in D Minor）中的恰空舞曲（Chaconne），以及弗朗茨·舒伯特（Franz Schubert）的《圣母颂》（*Ave Maria*）。

当贝尔献上行云流水般的精湛演出时，逾千个忙碌的上班族行色匆匆地从他面前经过，奔赴各自的岗位。几乎每个人都没有欣赏到这位大师炉火纯青的技巧，只有一个人认出了他。43 分钟的表演结束之后，贝尔只收到了 32.17 美元。简而言之，他的宝贵天赋基本上无人问津。

从某些方面而言，即使像约书亚·贝尔那样有才华的人也无法突破日常通勤的嘈杂环境，这实在令人沮丧不已。但倘若给予人们恰当的背景线索——譬如树立一块标识牌，宣告贝尔使用的是一把价值 350 万美元的小提琴，或是将表演区用天鹅绒绳索围起来，他们就会为这场惊喜的演出所折服。

显然，营销很重要。然而，人们经常戴着有色眼镜看待营销，尤其当营销内容是你自己的时候。诚实地营销自己的技能，有可能被视作自吹自擂，因此我们不愿意公开营销自己，生怕被人看作是唯我独尊或王婆卖瓜。

尽管如此，我们可以说，从群体中获取资源和机会的能力取决于别人是否认可你的资质、倡议和兴趣。毕竟，如果没有人知道你在做什么，需要什么资源才能获得成功，那么你就无法吸引任何人参与。如果不想在职业生涯里重蹈约书亚·贝尔实验的覆辙，就必须进行一定程度的自我营销。如果没有让大家意识到你的强项，他们怎么能知道在什么时候，什么地方，用什么样的方式充分利用它们呢？

在这本书前述部分，我谈到了劳动力向更具流动性和独立性的趋势发展。在研究这个话题时，我采访了自由职业者联盟的创始人（Freelancers Union）和执行董事莎拉·霍洛维茨（Sara Horowitz）。自由职业者联盟致力于为自由职业者搭建一个平台。彼时，该组织正经历爆炸式增长，短短一年之间，会员人数从 5.5 万人猛增至超过 10.5 万人，几乎翻了一番。越来越多的人决定单干，其中很多人放弃公司的工作，转而选择更加自主的生活方式，实践自己的技能。

霍洛维茨承认，各行各业的自由职业者都面临着自我营销方面的同一个难题。独立工作者没有一个营销部门或团队负责打销售电话。“自由职业者需要把一半的时间花在营销上，另一半时间用来工作。”霍洛维茨解释道。没有营销，自由职业者就不能充分展示自己的能力，这可能导致新客户的匮乏。

但是，自我营销和公开宣传的羞耻感在独立工作者心中根深蒂固。尤其是创意人员，他们常常会带着“花香自有蝶飞来”的心态草率地开始新项目。这种错误的心态令不可否认的天才创意凌驾于高明有效的市场营销之上。

霍洛维茨认为，糟糕的自我营销与轰动的自我营销二者的差别就在于意图。“营销不应该被视为造假。”她解释道，“营销的最高境界是构筑关系以及增进了解。”当你与他人共进午餐时，当你寻求反馈并在相互交流信息的基础上发展一段关系时——这就是营销的最优化。之所以称之为最优，是因为当中涉及的意图是多维的。你开始重视了解一个人和了解一项新事物的过程，在这个过程中，也让他们熟悉你的能力。自我营销或许就类似于异花授粉。你寻求了解他人的目的，通过这种方式也得以向别人传递自己的目的。

自由职业者面临的特殊挑战对我们所有人都有启迪。自由职业者没有老板赋予他们更多新机会，以奖励（并建立）他们的优势。因此，他们必须主动寻找能够展示自己优势的新项目。由于自由职业者通常缺乏做大规模公关活动的资源——而且鉴于其群体的特点，他们不愿公开自我宣传，所以他们必须通过构建关系，集中火力开展营销。出于种种必要性，他们自己承担起了展示传播个人优势的职责。

在某个组织中工作时，你更容易依赖他人给予自己机会。我和高盛前副董事长罗布·卡普兰（Rob Kaplan）共事时，他分享了一些中层管理人员的故事。这些人在年终考核和奖金发放后心情一落千丈，抱怨没有得到提拔，抱怨自己怀才不遇。当他们纷纷将矛头指向上级经理时，卡普兰却敦促他们在自己身上找原因。他会说："你的职业生涯要靠你自己负起全部责任。"他认为，营销自己的优势，是每个人最终都要担负起的一项责任。

你不能指望他人——尤其是上级主管或客户——去主动发掘你的优势。在理想情况下，经理会持续思考如何最充分地利用手下人的能力，而客户则始终尽可能地挖掘你的最大潜能。可惜事与愿违，你的上级主管和客户也和你一样，对自己的职业生涯忧心忡忡。因此，你必须自己承担起自我优势营销的任务。

一旦接受了自我营销的职责，你就可以开始挖掘机会了。通常，展示自己最大优势的机会出现在你正式职责之外的副业项目或业余活动之中。不断冒出来的小麻烦事实上是你能够发挥特殊作用的良机。战胜待命行动的惰性，学会主动自发地展示自己的技能和专长。

有效的自我营销带来尊重

我遇见的所有在追寻创意道路上屡获成功的人士都专注于自我营销及品牌营销，这也在情理之中。从本质上讲，他们每个人都开发了一个旨在开展自我宣传的程序，只不过方式可能与你想象中的有所不同。正如莎拉·霍洛维茨在与我交谈时指出的，营销听上去，或至少看起来似乎天生带有一丝“造假”的意味。这或许也解释了，为何最成功的营销不是随意捏造的一次性宣传活动，而是源于真实情境的持续的品牌开发过程。与令人生厌的自吹自擂不同，最好的营销反而能建立起尊重。

以纽约市市场营销策略师诺亚·布利尔为例，他创建了“品牌标签”和“志趣相投”等项目，并跻身《快公司》杂志2009年100位最具创意商业人士榜单。自2004年起，布利尔就一直维护着网址为NoahBrier.com的博客。在这里，他记录了对自己感兴趣的各种话题的所思所想，从神经科学到生活小妙招，再到商业、经济学和创意不一而足。简而言之，他并不只写与营销有关的内容，也不把博客当作一种营销工具，而是将它作为自己进行探索的一方天地，用于分享和针砭时事，提出创意和项目等。因为布利尔是一名策略师，所以他需要营销的产品就是自己的思想，而这也正是他的博客所具备的功能。这些年来，由于布利尔的洞见与广泛兴趣，这个博客已经像磁铁一样吸引了一众数字媒体领域的前沿人士。

布利尔的博客只是他吸引受众的众多方式之一。许多人通过参与“志趣相投”项目结识或了解到布利尔。每隔几周，来自全球各城市的创意人士都会在工作日开始前聚在一起喝杯清晨的咖啡。这些聚会通过一个网站平台协调，而这个网站是布利尔自学了 PHP 编程语言之后开发的。（聚会的想法源自布利尔与想要保持联系的人清晨共进早餐的习惯）他的博客和几千个一起喝咖啡的创意人士组成的关系网使他当之无愧地获得了很多人的尊重。这种尊重反过来助力打造诺亚·布利尔这块金字招牌。

布利尔说，人们经常问他，这些年是否从博客或“志趣相投”项目当中赚到了钱。并没有。钱不是重点。然而，他将生活中的许多成就和人脉都归功于这些项目。这杯咖啡为他带来了一连串的影响：通过博客，他遇到 PSFK.com 背后的流行趋势预测师皮尔斯·福克斯（Piers Fawkes）；后者与他共同推动“志趣相投”项目顺利起步；而“志趣相投”项目又让他获得了在直白传播公司（Naked Communications）供职的机会；在这里工作时，他邂逅了自己后来的多年女友；他通过“志趣相投”项目遇见了本杰明·帕尔默（Benjamin Palmer，野蛮人集团的联合创始人与首席执行官），如今布利尔已经是野蛮人集团的高级策略师。

显然，布利尔从事的大量项目令他的职业生涯如虎添翼。这些项目吸引了受众，让他们更清楚地意识到他的综合技能，从而心生尊重。他这些新颖的自我营销方案虽然不产生收入，但已经成为，也将继续作为他职业生涯的催化剂。

布利尔反思这一系列环环相扣的事件，与我分享了他认为传媒界存在的一大问题。“人们不理解‘货币变现’并不是直接发生的。”他解释道，“但如果你让大家来访问你，他们又觉得喜欢这样的体验，那么其他机会就会出现。”他打心眼里认定，只有以一种真实的方式将自己呈现在世人面前，大家才能接触你，并逐渐尊重你。

一个优秀的自我营销策略应该从内在兴趣出发，将其变为能展示自己优势的个人项目。当你的优势得以发挥时，人们会开始因某些实实在在、实至名归的事情开始对你产生尊重。

对全球的设计师、摄影师和其他视觉创意专业人士来说，作品集是产生尊重的源泉。能够遵循“展示而不夸夸其谈”的原则，以视觉方式收集并呈现过往的成果，比列举客户清单或四处分发简历有效得多。如果作品集里包含的作品不仅仅局限于一个静态的个人网站或传统的作品集网站，那么这个作品集就能成为一个更强有力的自我展示手段。层出不穷的网络工具，如维密欧（Vimeo）、油管（Youtube）、雅虎网络相册（Flickr）和我们的彼罕思网络，如今已成为将创意作品输送到其他网站或选择追随你作品的人面前的一种方式。

无论通过推特、脸书，还是在某个小众的在线社区，这种在网上聚集一群“粉丝”的概念被我称为“基于尊重的自我营销”。人们选择追随你和你的作品是因为他们尊重你，或尊重你所做的某些事情。一旦他们选择追随你，他们就会“催更”，请你向他们推送信息和更新。在线下，也应该采取同样的方式。我们都应该展示自己的优势，以建立尊重，积累粉丝。

在开发和启动这种基于尊重的自我营销活动时，应考虑以下步骤：

（1）发现自己与众不同的特点。自我营销应当从发现自己与众不同的优势开始。作为一名设计师，你是否还拥有计算机科学或其他相关领域的独特背景？你是否有海外经历或在与知名客户合作期间锻炼了某些技能？和你的同行相比，你是否尤为年轻或年长？将自己最与众不同的特点列一张清单，不要对别人可能会怎么看先下定论。记住，独一无二的特点可能被视为优势，也可能被视作劣势，这取决于它们如何被传达。

（2）开发沟通策略。一旦你确定了自己的与众不同之处，就要找出让它们成为优势的种种理由。计算机科学领域的背景对于你作为一个设计师有何帮助？海外经历对你的工作有何帮助？你为什么认为年龄或其他特点在自己所处的领域是一项优势？开展自我剖析，旗帜鲜明地提出自己为每一个项目和问题所贡献的独特视角。

（3）执行你的沟通策略。现在你已经列出了自己的与众不同之处，并找到充分理由诠释这些特点如何成为与众不同之处，接下来就必须想办法与他人分享。你可能想注册一个博客或推特账号，分享自己的思考与创意。正在从事的项目、读过的文章或是脑子里的创意，以及你的独特优势在这当中都发挥了什么作用——开诚布公地发布这些内容会吸引他人。人们知道你的优势与雄心壮志从何而来，也就有可能尊重你的付出与决定。工作时，你可以考虑参与一些能够充分展示自己优势并充分利用自己与众不同的特点的内部项目或副业项目。

对诺亚·布利尔来说，这包括几年如一日与他人共进早餐的习惯，以及让他得以和全世界分享自己的创意与聪明才智的一些副业项目。对其他人而言，这可能意味着建立一个动态作品集网站，为非营利组织做公益工作，或是为当地报纸撰写自由撰稿文章。

一旦设定了沟通策略，你就会想要根据某些品牌和创意的特定相关方的具体情况，来对这一策略进行微调。毕竟，每个人都有自己的利益和敏感点。

找到自己的频率，体察以吸引他人

我们已经了解到，倘若没有他人的参与，创意不可能发生。这里的他人包括合作伙伴、潜在顾客和客户、批评家、记者、营销伙伴等。关于这些迥然各异的相关方，有一样可以肯定的是，他们真的全然不同。他们有着不同的需求、偏好和不安全感。客户关注的是某一件事情，而批评家、记者和满脑子创新思想的同行关注的又是另外的事情。当满腔热情的创意人士尝试建立与各类人群之间的默契时，问题就出现了。与每个相关方建立默契的能力，决定了你将为创意积攒多少前进的动力。

想一想旧式的车载调频收音机。这种收音机有个小旋钮，能够收听调频 88.0~107.9 兆赫范围内的电台。每个电台都有自己的频率，你边开车边搜寻不同的频率，找到自己喜欢的音乐。

现在想想你最喜欢的电台。不论是哪个电台，都有一个精确的频率。你可以调到这个频率享受一场听觉盛宴。如果你喜欢的电台频率是 106.7，那么你调到 106.3 或 106.9 就几乎接收不到信号，调到 106.6 和 106.8 也许会出现很多的静电干扰声，效果很差。不用说，你会发现频道调得不准确，效果就差强人意。静电干扰妨碍了真正聆听音乐和信息，并与之产生共鸣。

“频率理论”认为，我们在日常生活中都会发出自己独特的频率。当创意人士沉醉在某个具体创意的种种优点之中时，他们发射出的信号会更强烈，但范围更狭窄。类似地，当我们的思想集中关注某个具体创意时，我们接收的信号范围就更狭窄。优秀的创意人士就像是这个频谱范围内的一个点——譬如 102.3 或 98.5。除非你与他们同频，否则就不可能与之产生共鸣的默契。我们的频率也决定了自己最能够接受谁，与谁产生默契。当我们想要与其他不同频率的人建立默契时，必须调整自己沟通和呈现创意的方式，以及吸引他人的方式。

想想那些你认识和共事的人。在这么多的人当中，有一些人——也许是你的挚友，你特别能够接受他们，而且感觉两人之间有种天生的默契。即使不用言语表达，双方都能心领神会。还有一些人，你和他们之间有种微妙的默契。你可以与他们建立默契，但是你们之间存在某种干扰——这种干扰限制了双方相互理解的程度。最后，还有一些人，你无法感知到与他们之间的默契——你就是感受不到任何一丝一见如故的感觉。或许你会将这种缺乏默契的情况归咎于价值观差异或缺乏共同点。

因此，我们更倾向于与志同道合、互相理解，以及欣赏我们创意的人为伍，这也在情理之中了。我们就是更能接受某些人，而且在自己的频率范围内待着更加舒适。共同的价值观与动机让我们收获更多认同与慰藉。然而，如果仅仅局限于此，我们将错失周围群体能够给予自己的全部力量。只有与各种人群建立默契，我们才能找到一个多元化的受众群体和可持续的市场。

你能为自己的创意做的最有用的一件事就是开发体察他人想法的能力——同时也帮助别人体察自己的想法。无论与个人或是群体交流，了解自己的受众都能将互动的效果最大化。什么能点燃他们兴奋的情绪？他们有什么样的忧虑？只要综合考虑这些信息，就能帮助你进一步吸引周围的人。

但是，这样的体察又意味着什么呢？这种像变色龙一样的行为是不是意味着必须在原则上作妥协？当然不是。恰恰相反，那些能调整频率的领导者似乎与真正的自我有着更紧密的联系。他们的动力源自根植心中的信念，而不是那些需要费尽心力伪装的人格面具。

与各种人群建立默契，这要求我们必须始终关注到周围人的需求与看法。然而，当我们在追求创意的道路上迷失方向的时候，这一点就变得愈发困难。毫无疑问，创新思维带有些许自恋倾向。这种倾向性有助于开发一些挑战现状的创意，但同时也限制了我们与他人建立默契的能力。

你必须创造一种体验，从中不仅让受众能够产生共鸣，而且要展示自己的创意和真诚的意图。

关注达成默契为双方带来的好处，你就能在无须对自己的真实性和价值观做出妥协的情况下，体察他人。你的受众需要什么，而你又希望获得什么？这个问题的答案能帮助你以一种特定受众群体能够接受的方式表述自己的真实动机与兴趣。接受带来吸引，并最终产生尊重与协作。那些为自己的创意赢得广泛支持的伟大创意领袖深谙频率理论。他们承认，每个人的接受频率各有不同，每个人都有所施，也有所取。这些伟大的领导者努力吸引我们参与他们的追求，其中既不乏战略眼光，也不无真心实意。

让你的创意在自己的群体之外扎根

我们已经花了大量笔墨，讨论在团体及群体内部开展协作和反馈交流的好处。然而，只有志同道合的群体的支持还不够。事实可以证明，只在频谱内的单一频率上寻找群体是不利的。如果没有在一定程度上吸引大众，多数创意终将逐渐偃旗息鼓。

然而，创新界的事实令人扼腕：大多数新产品功败垂成，多数新公司和餐厅在开业头两年里纷纷倒闭，多数新广告宣传活动并没有达到预期目标。对此，营销专家杰弗里·摩尔（Geoffrey Moore）在《跨越鸿沟》（*Crossing the Chasm*）一书中探讨了能很快采纳任何新事物的人和“实用主义者”之间的巨大差异。大多数人属于后者，更经常持怀疑态度，也更厌恶风险。

这个问题的根源在于，创意家具有开放思想，能很快采纳新事物，他们志同道合，英雄所见略同。创新人士做的东西往往是给创新人士用的。这在广告业中尤为明显。众所周知，在广告行业，那些前沿的、屡获殊荣的广告宣传活动往往无法达到客户的目标。毕竟，奖项的评委并不是来自美国中产阶级的普通消费者，而是其他创新专业人士。在频谱上某个单一频率上的人对这个频率范围有更大的接受度，这在审核创意的时候是个麻烦。有些公司在寻求行之有效的广告宣传活动时，避免与获奖广告公司合作，反而青睐一些更接地气（或许不那么具有想象力）的商业广告公司，原因就在于这些公司比较不容易曲高和寡。

酝酿并执行新创意时，你必须从实用主义的角度，让自己的期待、品味和感知接地气。当你意欲分享自己的创意并获得反馈时，不要将自己局限在频谱上某个相当舒适的频率点上。世界上最高效的创新专业人士与团队已经找到了跨越这道鸿沟的策略。

其中有一个诀窍就是：将每个创新过程置于多样性的背景中。让几个爱挑刺儿的、厌恶风险的顾问或团队成员参与进来，这将使创新过程产生有益的化学反应，遏制“创意中毒”现象。你必须与那些提出实际难题的人合作，他们提出的问题虽然令人沮丧，但在推动创意前进的过程中却非常重要。

研究过程中，我也见过一些人用的是“回家问妈妈”的办法。我不想说这和妈妈有什么关系，但吸引那些漠不关心或置身事外的群体，也是一种衡量创意潜在动力的方式，令人眼前一亮。普通人是否与你有着一样的认知？他们能不能理解你在新创意中呈现的价值观点？

还有另一个诀窍就是，在创意产生之后到决定采取行动之前，留出一周时间提出质疑。在构思与行动之间按下暂停键，这种情况下创新过程的能量要么枯竭，要么愈发蓬勃。当然，如果一开始就对创意展开批判，或许能激发创意当中一些初生牛犊不怕虎的能量。但在这种情况下，创新团队通常追求的是一些不成熟的创意，结果可能就差强人意了。与其如此，不如为创意留出空间，让它经受时间的考验。一周之后，你也许会意识到自己的创意并没有持续的潜力。这样的幡然醒悟将为你节省大量宝贵的精力，为其他项目争取到它们应得的关注。

意识到自己何时不再是单打独斗

当你想吸引他人共创大业时，你需要克服创新人士偏好自力更生的普遍默认模式。许多企业家和其他创意人士重温儿时旧梦，总是回忆起自己在一群嚣张跋扈的兄弟姐妹中间或其他家庭困难面前，基本上都是自娱自乐，独自鼓捣一些新玩意儿。这种自力更生的经历或许培养了他们的创造力，但当他们需要向上突破、吸引伙伴、构建团队的时候，这就成了拦路虎。

自力更生的人通常凭一己之力就能成功。然而，当创新人士被迫离开一个人的舞台继续成长时，他们当中的许多人很难骤然从个人的成功模式切换到与他人成功协作的模式。

从一手包办自己的创意到与创新团队合作的转变可能会很痛苦。引领自己所需的技能（主要是自力更生）与引领他人所需的技能天差地别。以往，每个任务的最佳候选人都是你，然而当你被迫将职权下放，共享所有权，并“放手”的时候，有可能会因自己的聪明才智而备受折磨。

无法向上突破的第一个征兆就是发现自己正在做的事情其实可以由他人代劳（尽管必须承认的是，别人可能无法做得和你一样好）。是的，那些首席设计师、公司创办人或是办公室大门上挂着自己大名的建筑师，如果能直接处理每一个咨询问题当然最好不过。然而，这样的任务并不是只有他们才能完成的。任何一项创新事业的领导都应当首先关注只有他们自己才能完成的事情，即那些无论如何也无法分配给其他人做的事。

作为一项创意项目的创立者或发起者，你也许会发现尽管有团队在场，你在一举一动和思考谋划之间仍然将自己作为这个项目唯一的主人翁。但是，如果你无法共享所有权，也就无法令周围的人心系于此。这与金钱无关，而与心态有关。坦白说，一个人熬夜冥思苦想该如何解决问题或把握机会是不够的。你必须通过共享荣誉、责任和经济回报，让团队作为主人翁参与进来。

习惯单打独斗的领导者的另一个常见问题就是只求团队完成任务，而不是让他们学会如何更出色地完成任务。请记住，你手下的员工感兴趣的可能不只是金钱，他们也想成为专家。因此除了作为领导者之外，你还要承担导师的角色。你可以找机会让团队成员参与任何他们感兴趣的活动，即使这些活动超出了他们的工作范畴。

没有一个伟大的创新项目能仅凭一己之力蓬勃发展（甚至是存活下来）。你必须随着创意版图的扩张不断发展，以使创意得以成真。

MAKING
IDEAS HAPPEN

第 3 章
领导能力

OVERCOMING

THE OBSTACLES
BTWEEN VISION AND REALITY

我们已经探讨过组织和执行的机制，以及群体在创意落地过程中扮演的重要角色。然而归根结底，创新事业的质量和所能达到的高度取决于领导能力。你只有从一个领导者的角度——而不是独立的创新愿景家的角度管理创意，才能使之蓬勃发展。

创新界在领导能力方面存在巨大空白。激励不当、缺乏默契和管理混乱不断导致创新项目失去控制，团队分崩离析。当然，在带领团队过程中出现的许多障碍源于我们的天性。我们无法充分为他人赋能，因为我们不想放松对创意质量（或控制权）的追求。我们使出浑身解数吸引合适的人并做出正确的判断，但与此同时，我们在挑战现状的过程中面临着焦虑与情感的波动。一旦功败垂成，我们又常常错失吸取经验教训和构建自我能力的良机。

领导力的发展是经验的产物。经过不断的试错，经历过风风雨雨，我们逐渐成为更优秀的领导者——但前提是我们有充分的自觉自知，觉察到自己在什么时候，因为什么原因止步不前。在本章中，我将展示出色创新领导者的诀窍，供读者参考。尽管领导力只有在实战中才能得到提升，但我们还是必须始终对自己的主观臆断持怀疑的态度，并将各种各样的方法和主张与自己的相比较。

我们首先剖析支配创新事业的奖励制度。光有远见还不够。当我们找到持续激励自己的方法，就能推己及人。这一点在大量知名企业家和领导者身上得到证明，譬如谷歌的创意总监李吉（Ji Lee）。其次，我们将讨论创新事业中特有的默契，以及像设计咨询公司艾迪欧的高级合伙人迭戈·罗德里格斯（Diego Rodriguez）那样的领导者如何构建并维持高效的团队。最后，结束了关于如何引领他人的一番讨论之后，我们会将注意力转向自省。毕竟，我们面临的一些领导力方面的最大障碍就在于自己的心魔。吸取经验教训和承担风险的魄力源于尤为因人而异的自觉自知。当我们寻求有效引领他人时，我们也必须能够更有效地引领自己。

3.1 彻底革新的回报

我们对未来都有憧憬。多数人认为，“积跬步”的努力就是为了“至千里”的长远目标而服务。然而现实生活中，我们消耗精力的方式却受到了短期奖励制度的深刻影响，这种奖励制度已渗透到我们生活的方方面面。对大多数人而言，我们捕捉到的创意、选择掌握的知识和完成的项目都深受周围人的需求，以及自己获得即刻满足的渴求的影响。

德国哲学家弗里德里希·尼采（Friedrich Nietzsche）曾说过，你必须“让你成为你自己”。对创新愿景家和让创意成真的能力而言，也是如此。短期奖励意在让我们持续下去并维持现状，然而追求长期创新目标的强烈欲望却与这种舒适的、细水长流的短期奖励格格不入。为了推动创意开花结果，我们必须一次次想方设法制服自己的基本倾向和短视动机。

绕过奖励机制

从很小的时候起，我们所受的正规教育就将短期奖励机制根植于我们心中。这种机制束缚了我们实现创意的能力。小学时，我们为考试刻苦学习，就希望能得到一个“优”。好成绩能为我们带来老师的重视和家长的赞许。可一旦拿到判定分数的试卷之后，我们就没有什么动机去回顾错题了。毕竟，新的一页已经开启，而且还有下一场考试、下一个分数在等着呢。因此，我们变得更有策略，只把精力用到明知会考的内容上，抱持着取得更好成绩的短期目标。

走上工作岗位之后，这个好成绩就变成了工资、认可，以及获得加薪或奖金的可能性。当一个交予我们的项目具备明确目标和回报时，就容易节省精力。传统单位的奖励机制让我们保持在正轨上运行，与上级的任务期限要求保持一致。如果我们遵循这种在成人生活中根深蒂固的奖励机制，它可能会让我们在现状下保住饭碗并获得安全感。

然而，一旦我们开始追求长期目标，或是尝试什么不同寻常的事情，这些倾向性就开始显露出破坏性的一面。在重重困难面前，拥有坚韧不拔的毅力去追求大胆的创意，并构建渐进式奖励机制让这一切成为可能——这是一个极具挑战性的任务。不论我们的创意有多精彩，那些短期奖励，即保住饭碗、获得认可或获得加薪的渴望，总是纠缠不休，抢夺我们的注意力，引诱我们将精力用到别处。

作为人类，追求新奇是我们前进的动机。这也是为何每个新创意的蜜月期都相对轻松的原因。我们有了耳目一新的愿景，就会忘乎所以，对其他忧患视而不见，全身心地投入到新创意的思忖当中。但是，当执行阶段揭开序幕，真正让创意落地的残酷现实浮出水面时，这种新奇感消磨殆尽，对长期愿景的承诺也迅速降温。如果没有任何渐进式奖励让我们保持在正轨上运行，我们就会开始质疑自己的进展和成功的可能。

为了成功地引领你的团队（和你自己）完成大胆的创新项目，

你必须想方设法改变对传统奖励机制的依赖。不需要与自己的天性抗衡，而是要绕过对短期目标的执念。为了做到这一点，脑子里必须同时装着这两个相互制衡的观念。

1. 跳脱传统的奖励机制

当你转移注意力，不再执着于短期奖励时，必须甘愿放弃别人眼中所谓的“成功”。你必须拥抱一系列不同的价值观，虽然这些价值观会让你觉得不自在，甚至在他人看来是轻率或不明智的。我认识一些企业家，他们声称当传统投资者质疑其创意时，反而能催生他们的自信。因为这种质疑是一剂强心针，让他们笃信自己实际上是在推陈出新，而不是简单地因循守旧。

一路走来都秉承着这样一种思维模式开展工作，要你骤然放弃对传统奖励的追逐，可能在心理和经济上都有难处，然而这么做对获取长期成功而言是必要的。否则，你一心渴望获得近期认可，但同时又要维持长期项目运转，就有些捉襟见肘了。

2. 通过建立渐进式奖励机制持续参与

虽然我们也很愿意相信，你可以仅凭意志力持续激励自我，以挑战常规，但你可能还需要一个额外的推力。为了追求丰功伟业而努力，你必须诱使自己持续参与其中。如果你不能完全战胜对短期奖励的执念，那么就必须以一种对你有利的方式利用它——可以建立严格规范的一系列近期奖励，如与成绩、工资和他人肯定相当的心理等价物。无论重视吸取经验教训的价值，在创新过程中融入游戏元素，还是在某些里程碑节点上收获礼物，这些自我奖励都会让一切大变样。我采访过的一位企业家提到，他将谷歌搜索引擎上噌噌往上涨的公司名称搜索结果数量视作公司寻求短期激励的每日奖励。你必须发挥创造力，开发出一套体现长期目标进展的渐进式奖励方式。

你无法忽略或完全逃避根植内心的短期奖励机制。但你能意识到真正能激励你的力量，然后调整自己的激励措施，以持续追寻长期目标。在接下来的几个部分当中，我们将深入探讨挖掘替代性报酬形式的几种方法。

3. 幸福感本身就是回报

如果你使用互联网，而且需要穿鞋，那么你可能听说过Zappos.com。美捷步创建于互联网鼎盛时期，现已发展成为最大的线上鞋店。这家公司对服务有着近乎狂热的重视。它的成功很大一部分要归功于企业文化，也正是这一点，让公司荣登2009年《财富》杂志“最佳雇主公司100强（100 Best Companies to Work For）”名单第23位。

“服务驱动”是美捷步公司的宗旨。当我拜访该公司位于内华达州拉斯维加斯的办公场所时，导览人员清楚明白地陈述了公司的宗旨：“我们的产品就是客户服务。”他宣称，“我们是一家服务型公司，现在恰好在卖鞋。我们的下一个产品可以是任何东西……或许甚至是航空服务。”

对于一家将服务客户视为核心使命的企业，员工的奉献与满意程度极其重要，而美捷步的员工士气正是世人所称道的。当导览人员带着我穿过公司宽阔的走廊时，处处流露出的企业精神让我深受触动。当我们经过的时候，每个部门都以一种别出心裁的方式表示欢迎。“童鞋”部门的团队像啦啦队一样挥舞着手中的花球，“服装”部门摇起了铃铛，“公司培训师”维克（Vik）用镜头捕捉下了我头顶皇冠的一刻，并将照片贴在专门为到访美捷步的所有宾客而设的贵宾墙上。维克解释了这么做的原因：“在一个一切以服务为重的公司，每一位访客都是贵宾。”

美捷步首席执行官谢家华也是该公司的文化专员。他定期开展演讲活动，发布博客日志和推特评论。谢家华笃信幸福感的价值，认为它是一家服务型企业的基石。幸福感似乎甚至可以作为薪酬的一种替代形式。

员工通常不会离开美捷步。如果他们真的离开了，也很可能是公司付钱让他们这么做。美捷步向任何一位自愿在培训期结束前辞职的新员工支付一笔一次性的遣散费。其中有部分原因是，如果你在公司工作感受不到真正的幸福感，那么这种情绪就会反映到为客户提供的服务当中。

这也是公司的培训计划、内部表彰奖励项目和其他津贴福利背后的指导原则。所有倡议的初衷都是滋养幸福感。这不是中午打一场乒乓球赛所带来的那种转瞬即逝的快乐感，而是源自生活中取得进步和成就受到称赞的深刻满足感。

惹人注意的是，美捷步并没有员工股权薪酬计划或收入分成制度。尽管大多数创业型公司都尝试通过股权计划和复杂的激励计划在员工当中培育一种共有的所有权意识，但谢家华却认为，培育这种意识的方法在于创造一种可持续的文化。

“大多数公司认为，激励员工的首要因素是薪酬。”谢家华解释道，“但如果你问我们的员工，我想这个因素排到了第四、五位，排在它前面的是与文化、主管上司、使命感和对公司使命及愿景的坚定信念等相关的因素。这也是我们出走硅谷的收获之一——在硅谷，大家的心态大概就是‘我在这儿干上四年，有朝一日成为百万富翁之后就退休’……我想我们这儿的员工发自内心地坚信我们的长期愿景，并且打心底里觉得这不仅仅是一份工作……最终，问题归根结底就变成了我们竭力最大限度地给予员工的是什么，结果发现，（在美捷步）我们竭力最大限度给予员工的，不是金钱，而是幸福感。”

在美捷步，幸福感是一种不设上限，无须付出实质性费用的报酬形式。这不仅是企业文化的核心价值所在，而且也挤出了一些可用于别处的财务资源——如为客户带来更实惠的价格、支付隔夜到包邮费用。总之，幸福感是该公司最宝贵的财富。

推进创意的时候，你应该利用替代性奖励吸引自己和团队持续投入长期目标任务之中。在创意落地的初期阶段，你不可能享受到传统的进展认定方式，包括经济回报、获得名气等。因此将重心放在幸福感上面，不仅帮助你调整了所追求的目标形式，还转变了你一直以来雇用和管理员工的方式。

通过游戏激励实现奖励

2008 年末，当康泰纳仕集团（Condé Nast）在旗下《组合》（*Portfolio*）杂志上发表“华尔街已死”的专刊时，摄影编辑们面临着一个重大挑战：封面问题。当时在全球所有主流报纸和杂志上，揭露经济衰败和华尔街欺诈猖獗与肆无忌惮的报道屡屡见诸报端。如何用视觉方式呈现经济的现状，编辑团队对此已才思枯竭。为了找到一个令人耳目一新的视角，编辑团队找到了李吉。

李吉是创意界的一个全才。作为谷歌创新实验室（Creative

Lab）的创意总监，他开发和执行了与谷歌地图（Google Maps）、谷歌浏览器（Chrome Web browser）和谷歌画廊（Goollery，即 Google plus gallery）等产品宣传相关的计划。其中，谷歌画廊是一个网站，收集和展示全球范围内一些灵感源自谷歌的创新项目。除了正职之外，多产的李吉还完成了几十项个人作品，所涉领域横跨匿名游击艺术、插画和广告宣传活动等领域。这些设计作品具有强烈感染力，像磁石一般吸引着消费者，同样也吸引着路人。

李吉最负盛名的创作或许是气泡项目（Bubble Project）。在这个项目中，他将空白的绘有气泡形状的贴纸黏贴在纽约街头的广告上。对此，李吉给出了如下解释："气泡里留白，邀请过路人在里面填写内容。这个项目旋即将原本烦人乏味的公司一厢情愿的独白变成了一场公开对话。"该项目在 2002 年启动之后迅速风靡全球，与此同时，其他广告巨头纷纷效仿李吉，以一种戏谑的方式激发匿名评论。项目也引发了平面记者、电视记者以及博主们的关注，并最终催生了一部项目同名书籍。

李吉近期的一个合作项目是"纽约世贸中心标识保护项目（WTC Logos Preservation Project）"。该项目旨在搜集那些依然保留着 9·11 事件之前纽约城市天际线风貌标识和产品的照片，与气泡项目异曲同工，也逐渐演变为一场开放式协作活动，活动参与者遍寻纽约市的大街小巷，不断寻找和搜集那些鲜为人知的、与 9·11 事件之前那个年代相关的标识。

针对康泰纳仕集团关于"华尔街已死"这期杂志封面的创意简报，李吉构思了华尔街核心区域附近那只由阿尔图罗·迪·莫迪卡（Arturo Di Modica）创作的标志性雕塑——华尔街铜牛（Charging Bull）倒地而亡的场景。这个灵感最终演变成了一张经修改编辑的虚拟照片，照片上的那只铜牛在纽约的熙熙攘攘和车水马龙之中横尸街头。

李吉拥有大量丰富多彩的创意构思，并且运用不同寻常的方式一以贯之地执行创意。与多数创意人士一样，他也有千千万万的创意构思，只不过到了创意落地的阶段，他总是能出奇制胜。不论在工作中，或是工作之余，他始终忠于自己的项目，这背后的终极秘诀就在于融入“乐趣的元素”。就“气泡项目”而言，这个实验得以持续焕发生机的原因是与主流新闻媒体的略带戏谑的关系，李吉为受众戴上了匿名的面具，这一点吸引了媒体。而在“纽约世贸中心标识保护项目”中，他试图每天找到至少一个纽约市天际线风貌标识，这让该项目变成了一个持续进行的游戏。正如他所说：“游戏，让事情变得简单，也吸引人们持续参与。”

游戏不仅是持续激励自我的有效方式，对领导者而言也是一种至关重要的工具。不论是在谷歌，还是在李吉定期给学生授课的纽约视觉艺术学院（School of Visual Arts），他都采用游戏促进学习，提升创造力，激励进步。其中，他整天与学生和同事玩的一个游戏就包括通过邮件不停地相互分享网络链接，这些链接中包含了一些能在一定程度上拓展思维的小发现。游戏的核心就在于穷追不舍地探索其中最精彩诱人或出乎意料的链接内容。这个过程既有趣又颇具匠心。“游戏很好玩，但同时也很重要，因为我认为它打破了日常的工作流程，给大家的大脑带来了一些完全不一样的东西。”李吉说道，“这也是创造力通常的运行机制。”

为了保持投入的状态，李吉主张自己在参与项目的类别上保持总体平衡。“将所有精力全部投入个人项目或全部投入职业项目，这两种走极端的方式会让你陷入贫穷或筋疲力尽的境地。”他解释道。因此，李吉总是同时从事多个项目——包括多达 4 个职业项目和 6 个个人项目。从一开始，他就寻找乐趣的元素，并将其作为整个项目的核心，因此他所采用的工具、选择的标题以及所吸引的人都都能充分发挥乐趣。乐趣让项目保持持续的吸引力。

领导创新项目时，要想方设法融入乐趣的元素，这会让你和团队持续受到激励并保持投入的状态。每一个创新项目都有平台期，在这个阶段最经常会丧失干劲。与谢家华将幸福感作为一种保持投入的方式如出一辙，李吉找到并强化每个项目当中的乐趣与游戏元素，作为短期奖励机制。通过认可游戏和快乐的价值，他得以持续酝酿创意，保持长时间投入以实施创意。人类追求愉悦的天性是一种强大的力量，你应当利用这种力量促进对创意的投入，推动创意的进展。

认可奖励

创新领域尤为臭名昭著的一点就是组织机构的上层领导将创意的所有权和功劳据为己有。但雷克斯建筑公司（Rex）董事长、建筑师乔舒亚·普林斯·拉莫斯（Joshua Prince-Ramus）却是业界的一股清流。在公司的第一个大型项目——达拉斯市（Dallas）迪·威利与查尔斯·威利剧院（Dee and Charles Wyly Theatre）揭幕仪式上，台下聚集的观众大多以为普林斯·拉莫斯会发表重磅声明，在聚光灯下将自己打造成一位炙手可热、冉冉升起的建筑设计新星。然而，他却走上讲台，向观众传递了别样的信息：“是我们，而不是我。”

据《快公司》杂志的一篇文章披露，普林斯·拉莫斯接下来说道："不存在什么天才创作出来的草图。高楼广厦都是一群全情投入的团队成员通力合作的成果……成功通常与天才不甚相关，而与心中暗下的决心有着密切关系。"普林斯·拉莫斯并不是嘴上说说而已。当公司的一个客户在打印出来的宣传册里将雷克斯公司承建的一座大楼归功于普林斯·拉莫斯时，他随即要求客户重印手册，按照字母顺序列出该项目相关设计师的名单。

普林斯·拉莫斯强调"我们"的方式与某些领导层将功劳据为己有的劣习形成了鲜明对比。几年前，我有缘遇见一家创立初期就小有成就的新企业的营销主管。我们就暂且叫他托马斯（Thomas）吧。在那之前，托马斯协助领导过大量新企业，也和相当数量自视甚高的首席执行官打过交道。"用脚趾头都能猜到。"他解释道，"如果创意被认定是优秀的，那么首席执行官就将功劳揽到自己头上。如果出现了什么问题，就推卸责任。"然后，他的举止变得有些紧张，进一步说明了自己的观点："我们有一个出色的首席执行官，实打实的创新人才。但是他只以个人成就为乐，只有在处理烂摊子的时候才真正承认团队的作用。"

更为常见的是在采用自上而下管理模式的组织里，高层将所有功劳据为己有。托马斯的叙述恰好阐明了在这种环境中发生的情况。事实上，因项目成功完成而被赋予的认可只有让所有团队成员雨露均沾，才能带来最强大的效力。从普林斯·拉莫斯和许多受访的领导者身上我们可以看到，成功并非只是对领导的个人奖励，而是一种团队成员都可以享有的宝贵财富。分享功劳唯一伤及的就是领导者膨胀的自我。

认可与资金是否紧张无关，它是一种强有力的奖励形式，有助于进一步吸引那些在你的创意落地过程中起作用的人。

3.2 创新团队的默契

在鼓舞创新事业这一点上，对团队的默契负责与改变奖励方式的做法一样有效。从雇用人员和雇用方式开始，在你领导的每个项目里，你都是维护团队默契的总指挥。在培育高效工作环境的同时，你必须在灵活性与期待值、创意构思与执行、有益的分歧与达成一致这三组矛盾之间取得平衡。团队的默契也反映了你能否找到一种和谐的平衡状态,并持续进行微调,为创意落地服务。

在拜访美捷步首席执行官谢家华的过程中，有一点相当旗帜鲜明：潜在员工的文化契合度及对客户服务的承诺，与这份工作所需的技能同样重要。为了说明这个核心价值，谢家华娓娓道来，分享了一个公司关键技术岗位招聘的轶事。这是一个高管，公司通过招聘，从洛杉矶将其挖来拉斯维加斯的美捷步总部。这位新聘高管的工作是帮助公司解决某些关键技术难题，一上任就明确表示自己没有兴趣从事任何直接的客户支持工作。于是公司炒了他的鱿鱼，在这个过程中也蒙受了巨大的经济损失。这个事件背后的原因，就在于美捷步将客户支持方面的兴趣视作对员工的基本期待和流淌在公司血液里的一个最基本的特质。

在构建高水平创新队伍的过程中，你要将目光投向技能之外的领域，培养一种将创意转化为辉煌成就的默契。

吸引积极主动的人参与你的创新追求

构建一个满怀热情且才华横溢的团队是领导者面临的一项重大挑战。简历当中几乎很难看出应聘者是否具备真正的拼搏精神。比起只关注个人经历，真正懂行的经理反而会考量求职者是否具有主动性。

有些人一旦认定自己感兴趣的事情，就义无反顾地投身其中，即使有时略显草率，但这种人却是推动创新团队的小马达。创意落地需要大量的精力与耐力。我们现在知道，光对创意感兴趣还不够。那些始终保持积极主动的人拥有坚韧不拔的意志和对懒散的一丝恰到好处的不耐烦。

因此，预测将来主动性的最佳风向标就是过往的主动性，这也就顺理成章了。譬如有个应聘者想加盟你的团队。这个应聘者大学时是天文学俱乐部的负责人，后来协助成立了一个旨在向市中心贫民区青年介绍天文学知识的非营利组织。尽管你的项目与天文学并不沾边，但只要你能够在他心中点燃对某个创新追求的兴趣，这个应聘者就可能会展示出积极主动的那一面。这类人倾向于将自己与兴趣绑定，并坚持不懈地向前推进，基于这样的特点，我将他们称作“积极主动的人”。

前面我们聆听了沃克数码公司总裁乔恩·艾伦塔尔的智慧箴言。该公司是一家独树一帜的知识产权研发公司，开发出了包括 Priceline.com 和其他众多成功的专利发明在内的大量创新成果。然而，艾伦塔尔和团队最引以为豪的并不是聘请什么明星大腕，而是聘用了一些积极主动的人。“我总是设法雇用那些具有强烈内在驱动力的人。”他解释道，“我不想浪费时间想方设法让员工做事。只有每个人都将创意当作自己的事情来做，创意才能实现。”艾伦塔尔使尽浑身解数挖掘积极主动的人才，并将其视为第一要务。“我曾经是一个唯简历论的势利小人。”他说道，“可如今我会抛弃简历，转而关注应聘者是否具备积极主动性和迅速采取行动的本能渴望。”

当你组建创新项目团队时，要试探应聘者真正的兴趣点——不论这些兴趣是什么——然后考察他在追求这些兴趣的路上走了多远。要求他举实例证明，并设法了解其在产生兴趣和采取行动之间耗时多久。积极主动的人是那些怀有满腔热情、拥有丰富创意构思且倾向于采取行动的人。如果你与这样的人不期而遇，必须意识到这是幸运之神的眷顾。没有什么东西比团队成员个个积极主动更能令你的创意如虎添翼。

培养互补的技能组合

正如应当构建一个积极主动的团队一样，你也应当培养团队在专业互补性方面的默契。前面介绍过的设计咨询公司艾迪欧的高级合伙人迭戈·罗德里格斯形象地用字母 T 对此加以说明。T 上面的水平长线代表着个人经验的广度，而垂直的长线则代表了在某个特定领域的经验的深度。“在艾迪欧公司，我们期望雇用和构建由 T 型人员构成的团队。”罗德里格斯向我解释道。他期待团队中的每个成员既要有支持协作和良好默契所需的广泛技能，又要有某个领域，如平面设计、商业或电气工程方面的专长。“团队里拥有 T 型人员的好处是，每个人都能与他人跨界联手，同时又在某个特定领域深耕。”

罗德里格斯将艾迪欧公司的成就在很大程度上归功于相互尊重的文化和追求卓越的渴望。T型人员的概念让团队在创意构思过程中能切实实践选贤任能。团队成员共享足够广泛的知识储备与文化价值观，这让他们能从不同专业领域的视角慎重考虑同伴提出的解决方案。在这种情况下，艾迪欧公司快速模型制作的这一招更见奇效。

艾迪欧公司不可能比惠普公司更了解电子产品，也不可能比美国银行（Bank of America）更了解银行业（这两家公司都是艾迪欧的客户）。艾迪欧公司所掌握的专业知识和技能可能与其客户公司也并无二致。但艾迪欧出奇制胜的法宝就在于团队内部的默契。

在工作流程和团队领导方式这两方面，艾迪欧公司的团队默契是一个制胜法宝。通过谨慎的招聘和相互理解，艾迪欧公司的各种项目团队避免了其他团队身上司空见惯的冲突。这样，追求创意的道路就能畅通无阻，而不是像其他某些跨界团队那样每天都要面对重重误会和各种自我膨胀的荒唐行为。

给予效率灵活性

在酝酿一些团队工作流程的规范和目标时，你不要被努力工作的表象所迷惑，而是要尽量将着眼点放在真正的效率上。管理者本能地紧盯时间，以此作为衡量职业道德的标准。诚然，用工作时间来衡量工作具有一定诱惑力，因为这种方法简单又客观。然而这么做违背了创新工作流程的现实情况，最终将令士气遭受重创。

在现实中，创意的实现是断断续续的。

被要求坐在办公桌前直到某个时间点的压力滋生了工厂式的团队文化，这种文化忽视了创意酝酿和人类天性的一些基本规律：

（1）大脑在疲劳的状态下无法正常工作。

（2）创意的酝酿有其自身的条件。

（3）当你感觉被迫执行力所不能及的任务时，就会开始对自己正在做的事情心生厌恶。

与其紧盯面对面交流的时间不放，创新团队更应该让信息透明，竭力在同事之间构筑根本的信任。作为领导者，我们设立规则和规范的出发点应该是为了提升效率，而不是出于不信任。我们应当测量有形的产出，譬如采取的行动以及结果的质量。

屁股坐在椅子上就等同于效率，这种传统的思维定式已遭一些公司彻底摒弃。百思买集团（Best Buy）、国际商业机器公司、太阳计算机系统有限公司（Sun Microsystems）以及其他一些大公司都实施了类似“只问结果的工作环境 (Results Only Work Environment，简称 ROWE)”的项目。这种项目衡量绩效的依据是工作产出（output），而不是坐在办公桌前的时间（sit-put）。在“只问结果的工作环境”中，员工获得报酬的依据是特定目标的达成情况，而不是工作时长。这种方法的最终目的是为员工赋能，只要共同认定的目的得以达成，员工可以自行决定工作的时间与地点。这就意味着老板不需要再留意员工日程表和员工的上下班时间。

《商业周刊》报道了盖洛普咨询公司（Gallup Inc.）开展的一项研究。在这项研究中，百思买集团内部采用“只问结果的工作环境”的部门，效率平均增长了 35 个百分点，同时员工满意度也得到显著提升。这个结果表明，当人们的判断力和自主性受到尊重时，他们就会焕发出蓬勃的生机。

工作场所的灵活性可能是一个棘手的难题——虽然它有助于提高团队的默契，但它的实现也需要有一定程度的默契。大家必须达成一致的信任和承诺，以确保这种自主性被用于正当的目的。更重要的是，自主环境中成功运作还需要建立一系列具体的目标并持续予以回顾。“只问结果的工作环境”和其他“放养式”管理的尝试有时一败涂地，原因在于当中的目的和目标并没有得到共同认定和严格管理。许多管理者很难与团队共同设定目标并持续回顾这些目标。因此，当团队无法达成目标时，管理者就要面对残局。

如果你发现自己在支持团队的灵活性方面犹豫不决，应该迫使自己找出症结。也许你是质疑团队对项目的投入，抑或可能是目标或交付成果不够具体。当领导者对团队的事前准备和投入没有把握时，他们会通过加强管控来补偿。然而，这种情况下你应该做的是检查症结所在。如果你质疑团队的奉献，就仔细观察团队内部的默契。激励措施是否合理？团队成员私底下对该计划是否存在疑虑？每个团队成员是否都感觉有挑战性，并获得充分授权，从事自己最擅长的工作？此外，许多小型创新团队和新公司还因目标不清晰而深受其害。普遍的解决办法就是实行十分钟“站着开会”的常规会议制度。在这样的会议上，团队审查当前的阶段性重大事项和推进事项的截止日期。还有一个诀窍就是将主要阶段性重大事项的清单挂在墙上，让所有人一目了然。只需快速碰头，或是看一眼墙上的清单，就能让整个团队重新将注意力放在必须优先完成的事项上。

备受尊崇的创新项目领导者能够密切关注团队的默契并确保每个人都明确知晓优先事项，借此赋予团队灵活性。当你感觉按捺不住心生质疑或想要加强管控时，要找出症结所在。作为领导，你自身的不安全感时常阻碍你赋予团队自主权——而这却是团队蓬勃发展不可或缺的。

培育淘汰创意的免疫系统

强大的团队默契不仅能支持新创意的发展，还有助于淘汰糟糕的创意。人体内的免疫系统在杀灭有害病毒和细菌方面发挥着至关重要的作用。倘若没有免疫系统，器官就会因新的病原体不断入侵而衰竭。同样地，倘若在开展项目的过程中冒出新的创意，那么正在进行的项目将面临严重风险。掐灭新创意的能力对于提升效率和推动现有项目向上突破至关重要。在团队情境中，质疑者，即那些总是先对创意提出质疑，而不是与之一见钟情的人，就是白细胞。他们让我们保持正常运作并始终在正确的轨道上运行。

尽管我们也许本能地避免雇用、接触或将权利授予那些总是习惯于戳破我们创意漏洞的人，但这些人实际上在高效的创新环境中不可或缺。户外服装品牌巴塔哥尼亚公司（Patagonia）总裁兼首席执行官迈克尔·克鲁克（Michael Crooke）在沃顿商学院西海岸校区（Wharton West）的一次会议上不无自豪地说："我身边最亲近的人都是那些说不的人。"

培育团队的免疫系统时，你需要区分质疑者与悲观者。悲观者坚持他们的怀疑，且常常固执己见。相较之下，质疑者愿意拥抱新鲜事物，他们只是一开始的时候带着批判的眼光且较为谨慎罢了。尽管质疑者常常没有得到应有的重视，但他们却是一个健康的团队不可或缺的因素。因此，领导者应当让团队养成对质疑者的尊重，扩大他们的影响力。

当然，有时你也会想要抑制免疫系统，帮助团队在没有质疑的环境下以开放的思维，天马行空地探索创意。在这种情况下，团队里的质疑者应该有自知之明，根据情况调整自己的反馈意见。

在酝酿创意与不屈不挠地保持专注二者之间实现平衡，是一个巨大的挑战。虽然你不想效仿大公司，从生产的角度出发封杀一切创新活动，但是你也不想像羽翼未丰的新公司那样，总是不断构思一些新创意和新特点，挤占项目空间，最终导致执行受阻。要找到恰当的平衡，就必须留出时间来开诚布公地交流观点，同时在执行过程中适当降低对创意酝酿的容忍程度。做到这一点有一个方法就是，侧重在头脑风暴环节当中去思考创意，而当执行过程中有创意胡乱跑出来搅局时将其就地正法。在这方面，你身边的质疑者就能派上用场了。当然，出色的创意仍然可能出其不意地冒出来，然而当它们出现的时候，你的侧重点还是应该放在专心处理手头的项目上。采用这种方法之后，只有最强大的创意，即那些值得深思熟虑的创意，才有可能让你冒险切换轨道。

唇枪舌剑，取得突破

冲突在一切创新过程中屡见不鲜。它是一个好兆头，也是一个改进你创意和流程的良机。争执尽管难免令人沮丧，但如果你能加以善用，从长远来看，它将令你受益。当一群满腔热忱的创意人士各执己见时，就会造成争执，但这却是优秀创新团队的领导者所看重的。团队如果已经形成了良好的默契，就可以利用这些分歧培育宝贵的洞见。没有争执，有时就无法发现这些宝贵的观点。

然而，尽管冲突中也蕴含着机会，我们却倾向于避免冲突。当创新过程变得白热化时，我们常常避之不及。

冲突很容易发生。任何问题都有多种可能的解决办法，其中有些办法更具优越性。在多元化的团队里，观点百花齐放，通常是最有影响力或经验最丰富的人最终拍板。或者有时会有人公开提出异议，但往往随着争吵接踵而至最终作罢。冲突是观点差异的附带产物，但是你不能让它变成冷漠的根源。

争吵令人不安，但我们要考虑到让对峙的观点一决高下的好处。假设某个问题的答案就在波谱上介于 A 点和 B 点之间的某个位置。对波谱两端的讨论越深入，就越有可能充分挖掘完整的答案区间。相反，如果 A 方案的支持者放弃了，那么 B 方案就成了默认答案，这样也就无法发现介于二者之间任何更出色的解决方案了。

除了有益的分歧之外，还有另外一个做法是保持冷漠。这是一种只会助长惰性的有害心态。有些团队成员在争执开始变得白热化时就会退出对话交流，你必须积极和这种倾向作斗争，即使这意味着把他们拉到一边，鼓励他们坚持自己的观点。这一点很关键。在团队探索解决方案的过程中，越多人参与越好。

一切问题的最佳答案，往往藏于未知之境。如果你的团队成员既有勇气为自己的观点摇旗呐喊，又能够心怀尊重考虑别人的观点，那么取得突破将指日可待。领导者的作用就是让大家各抒己见，并对冷漠的心态予以无情痛击。

一个创新团队的领导者要努力促进具有不同影响力和经验的成员之间开展有益的争论。一个有效的办法就是让每个人先分享对策或创意，然后再让大家做出回应。先让资历较浅的成员发言，然后再由经验更丰富的成员提出其他方案。在大家分享反馈意见的时候，应确保所有团队成员在整个交流过程中都保持参与。一旦察觉成员有粗暴无礼或不耐烦的苗头，你可以提出与流程有关的问题对付他们，类似“我们怎么才能把所有可能的方案都摆在台面上呢？”，或是“既然我们都试图要找到最佳方案，为什么要对彼此不耐烦呢？”

有些广受称誉的创意团队有着共同的宗旨——他们能够自如地让各种分歧和形形色色的观点一决高下，却又总能在会议之后达成坚定的共识。这些团队都认识到了，分歧的目的是为了更充分地探索各种可能的选择。事实证明，对于能欣然接受争吵的团队而言，争吵就是一种财富，争吵过后大家都不会怀恨在心。如果你的团队具有足够强大的默契，能利用冲突的力量，那么它就更有可能酝酿突破。

不要为了达成共识背负思想包袱

我们在围绕解决方案唇枪舌剑直至达成一致意见的同时，也必须确保不要为了达成共识而背负思想包袱。合作项目最根本的挑战就在于知道如何博采众长，而不是选择一个差强人意的方案。追求共识常常会导致结果平平无奇。

要想成为一位真正出色的创新领导者，你必须能够从项目团队和相关方当中集思广益，同时又仍然要保证核心任务的顺利进行。

辛克设计公司的创始人汤姆·海恩斯（前面提到过）在职业生涯中与形形色色的客户和伙伴合作开展了一些颇具挑战性的项目，包括加利福尼亚州的丹哈特水族馆、南非比勒陀利亚（Pretoria）的自由公园（Freedom Park），以及即将揭幕的美国9·11国家纪念馆等。每一个项目的委托和管理都涉及多个利益相关者，包括政府、教育机构、非营利组织、捐赠者、历史学家和公众，每一方都有自己的潜在动机。

担任南非自由公园的顾问和规划伙伴是辛克设计公司最具挑战性的项目之一。作为一座纪念公园和博物馆，自由公园是一个国家遗址，旨在讲述那些为争取南非自由抛头颅洒热血的英雄的故事。项目以整个国家的认同感为中心展开，需要考虑形形色色不同的观点视角。

“项目涉及20多个相关方，每一方都有自己的视角。”海恩斯回忆道，“政府、历史学家、宗教人士，以及公众当中的许多派系……我们需要聆听并理解每一方的观点。我们倾听他们的故事与挣扎，也深入倾听他们的焦虑。”最终，海恩斯和辛克设计公司的团队足足花了近2年的时间倾听这些观点。

我一边听着海恩斯描述项目所采用的方法，一边想象着整个过程中他必须参加多少会议。规划一座讲述斗争血泪史、展示民族进步、揭露不平等沉疴的纪念碑本来就是个复杂的工程，再加上每个人争相强烈，甚至是激动地表达自己的观点，无疑令之雪上加霜。“作为设计师，我们的职责就是倾听大家的观点，然后发挥自己的一技之长。”海恩斯解释道。

在与一群数量如此庞大的利益相关者合作时，海恩斯认为自己的职责就是倾听他们的故事，了解所有的观点视角，然后找出那些他所谓的“极端观点”，这些观点会让项目与众不同。他努力从团队提出的所有创意中找出少数自己想坚持的关键性极限观点，然后下定决心在其余大部分事情上妥协。海恩斯向我解释道，这些极端观点在他看来也是一种创意，能够带来最出彩的结果。海恩斯不可避免地会因为项目承受一连串批评，面对一连串策划案修改意见，但他自始至终都将这些观点摆在神圣不可侵犯的位置上。

尽管多数人可能会觉得，将两种截然不同的观点（或特点）融合到一个项目里，最终需要“二选一”淘汰一个观点，可海恩斯却相信，“二合一”的方法常常可以帮助达成共识。

海恩斯引用的一个例子是他与著名建筑师伦佐·皮亚诺在加州科学院斯丹哈特水族馆项目上的合作。起初，两人针锋相对，各自想达到的效果似乎截然相反。海恩斯想象中的水族馆是一个由一个个小角落构成的充满活力的探险地，而皮亚诺设想中的水族馆是一个直线型的空间，视野不受阻挡，建筑轮廓分明。“二合一”的方法带来的结果，按照海恩斯的话说就是“一系列野趣自然地融入一个轮廓分明的直线型建筑之中”。这个问题一开始相当棘手，但辛克设计公司最终找到了一个方案，既保留了两个极限观点，又令多个相关方都满意。

团队不应在项目一开始就竭力要达成完全共识。毕竟，以追求共识为导向的团队有可能要冒着选择一个对大家而言不痛不痒的方案的风险。早期就取得完全共识虽然让团队高枕无忧，但这种共识几乎总是最平庸的选择。创新团队的领导者应当找到并强调在可选范围两端的那些值得注意的、令人印象深刻的解决方案，不过这些方案十有八九不会得到所有人的认同。在讨论过程中，当与其他相关方打交道时，他们必须找到这种为数不多的、值得争取的边缘方案，同时做出其他必要的妥协。这些神圣不可侵犯的“极限观点”是你在必须做出其他妥协的情况下，依然想要坚持的观点。

有时候需要授权某些具备特定专业能力的成员为这些神圣不可侵犯的极限观点作担保，并在团队摇摆不定之际最终拍板。我们必须乐于尝试新鲜事物，当我们敬重的人也为之鼓与呼的时候，更应如此。在彼罕思，我们授权部门主管在自己的一亩三分地里作决策。比如，尽管每个人都有权质疑一个设计决定，但是最终还是首席设计师说了算。当我们围绕某个解决方案争论不休时，首席设计师通常会在个别小细节上妥协，但他在认为真正出彩的（因此也是最神圣不可侵犯的）任何要点上都会坚定地坚持。此外，他也会解释说明这些神圣不可侵犯的极限观点为何如此关键。

需要做决定时，我们应当倾听所有相关方的观点，不要为了达成共识而背上心理包袱。最终，我们必须保留极限观点，并在其他问题上求同存异。否则，创新结果就可能沦为平庸。

在为数众多的创新团队中，尤其是在创新机构领域，我观察到他们采用了一种“集体贡献，少数人决策”的策略。领导者会广纳谏言，而后进行小组决策。由此，创新自主的概念不再意味着屏蔽群众的意见。选择一个吸引所有人参与的流程，同时保留让创意出彩的极限观点。

3.3 管理创新团队

管理就是让别人自愿去做你想要完成的事情。

——美国总统德怀特·戴维·艾森豪威尔

（President Dwight D. Eisenhower）

创新旅程始于某个人脑子里的灵光一现。这段旅程从第一天起就面临着挑战——如何让别人将你的创意视如己出，给予理解和支持？然而，所谓领导能力并不是强迫别人做事，而是在他人心中注入真正的渴望，让他们成为项目工作的主人翁。只有这样，大家才能朝着一致的目标共同奋进。

创新界在领导能力这一点上乏善可陈。创新人才流失之快令人咂舌，人员流失成为一个普遍的难题。然而，创新人员出走的原因大多都不是为了追求更丰厚的薪水。有许多创新人才感觉自己的创意没有得到充分施展（或是没有得到倾听），对此怨声载道；也有领导者在管理上事无巨细，要求每件事都照他们说的办，诸如此类的事情比比皆是。

在各行各业中，我发现能够始终如一地激励团队去推动创意开花结果的创新领导者有许多共同之处。这些备受推崇的领导者能够与他人分享创意的所有权，在逆境中坚守，发现颇具潜力的团队成员并挖掘他们的潜力。因此，你必须从管理与被管理的亲身经历中吸取经验，在追求创意落地这条漫长曲折的道路上培养自己管理创新团队的能力。

分享创意所有权

躺在床上辗转反侧思考你的创意的人越多越好。可人们只有在自认为是创意主人翁的情况下，才会为创意牵挂着迷。哎，分享所有权说起来容易做起来难。通常，创新领导者很难充分交出创意的所有权，让员工、合伙人和其他相关方真正产生主人翁的感觉。

上文提到的《连线》杂志编辑兼作家克里斯·安德森就是分享创意所有权的有力支持者。事实上，安德森会根据他人是否热切地想拥有某个创意来衡量其价值。

“在杂志社里，当我想出某些创意时，我不会指名道姓地让某些人去执行这些创意。而是会说：‘这儿有个创意。谁有兴趣？’就这样，我竭尽所能地讲清楚这个创意，广而告之，让所有人兴致勃勃，像我一样卖力推销。很快，可能有人会说：‘嘿，英雄所见略同啊！……’或者他们也可能不屑一顾——这种情况下我就会放弃，不再坚持。”

然而，让众人对你的创意感到兴奋只是分享所有权的第一个阶段。第二个阶段，也是最具挑战性的阶段是授权团队成员推进创意，而不是在这个过程中的每一步都事无巨细地管束他们。

归根结底，真正分享创意的所有权意味着允许团队成员，即那些你托付项目命运的人，做出有意义的决定，即使他们所做的决定可能与你不同。最优秀的创新领导者能够认识到，与共享所有权所带来的好处和突破性相比，因为和他们原先设想有出入而造成的影响就显得不那么重要了。你要做的就是想办法让你的合作者熬夜思考如何用他们自己的方式执行手头的创意。

彼得·罗哈斯（Peter Rojas）是一位经验老到的创新领导者，对分享创意所有权了如指掌。他一开始是科技博客“技魔多（Gizmodo）”的编辑总监，后来与他人共同创办了大受欢迎的科技和小工具网站瘾科技网（Engadget），还成为博客公司（Weblogs, Inc.）的首席战略官。2007 年，罗哈斯与他人共同创建了 RCRD LBL 音乐平台（RCRD LBL）。这是一家颇具前瞻性的在线唱片公司和博客，成立 14 个月就实现盈利。

在我们的交谈中，罗哈斯表示，自己分享所有权的方法大体是务实的。“领导者习惯每件事都要插手——但这么做效率并不高……如果我每件事都插手，那么瘾科技不会运转得如此顺利……我的方法是雇用自己信任的人，让他们做各自该做的事。如果我不信任这些人，就会另请高明。”

相信某人的判断并不意味着一切都按照你的方式去做。不同人会做出不同的决定。但正如罗哈斯指出的，问题就在于他们提出的替代方法是否带来了实质性的差别？毕竟黑猫白猫，能抓住老鼠的就是好猫。

怀着满腔热忱的领导者身上常见的通病就是，他们的远见和对完美（或掌控）的痴迷常常让自己忍不住事无巨细都要插手，美其名曰：我们对过程和最终产品同样重视。

对艺术界的许多领导者而言，如时装设计师、建筑师和摄影师，这个问题更为错综复杂，因为他们的名字常常是最终产品的一部分。当你的名字和声誉真的都与产品绑定时，分享所有权可能变得愈发困难，这也情有可原。

然而，让团队感受到创意的所有权归属于整个集体，这会让团队成员们在每天醒来时就迫不及待地想去改进产品，连睡觉时脑子里也在琢磨让产品斩获成功的新点子。在所有权归属集体所带来的种种好处面前，项目某个细节的发展不如你所愿也不那么重要了。

领导应最后发言

众所周知，大名鼎鼎的通用电气公司前首席执行官杰克·韦尔奇（Jack Welch）在步入董事会会议室之后，会对着满屋子前来商讨问题的高级代表宣布："我想我们应该这么做。"然后他会解释自己的设想和理由。分享完自己对手头这个问题的解决方案之后，他会说："好了，现在大家有什么想法？"不出所料，很多人纷纷点头表示支持，而提出异议或大胆的新想法的人却寥寥无几。那些提出异议（且有勇气当众说出来）的人或许也分享了其他替代性的观点，但这也只是基于韦尔奇提出的框架。

韦尔奇的一番好意可能是发自内心的。他是个老练的管理者，拥有丰富经验。然而，即使他脑子里已经有了合适的解决方案，这种做法还是无法充分吸引团队参与并发展团队。况且他的答案也不总是对的！

在高瞻远瞩的领导者当中，习惯第一个发言是通病。在行业浸淫多年，这些富有远见卓识的领导者受到众人尊崇，也深信自己什么大风大浪没有见过？因此，他们容易抢先发言，迅速行动，但却无法吸引他人参与。刚崭露头角的创新人才被问及为何放弃在某些机构、新公司和其他创新团队的职业生涯时，给出的解释常常是，他们感觉自己的创意没有得到倾听。

对自己的解决方案怀有满腔热情，这可能会让我们在分享方案的过程中难掩激动。然而，既然我们的职责是调动同事的创造力，那么就必须有所克制。创新团队的目标就是酝酿、改善和执行创意。倘若无法捕捉团队每个成员的见解，这对你而言就是一种损失。

创造性的过程也是一个参与的过程。让团队中新晋的或资历尚浅的成员分享他们的创意，是一种锻炼他们理性思考能力和帮助他们融入的方式。因此，不要用自己的足智多谋掩盖他们的创意，让自己闭嘴，欣然接受新鲜的观点，尽管这些观点有时难免幼稚生涩。挑战自己，在发表观点之前先提出问题。

不发言的时候，你应该仔细倾听。有些领导虽然意识到了最后一个发言的积极作用，但有时还是无法在等待发言的过程中仔细倾听。

在冲突中评判与被评判

俗话说，“退潮后才知道谁在裸泳”。只有出了差错，我们才能透过表象看到内里真实的情况。尽管冲突从来都不是件令人愉悦的事，但是作为领导者我们必须承认，冲突给我们提供了宝贵的机会去评判他人的领导能力。

令人钦佩的领导者以两种方式利用冲突。第一种方式是利用冲突评价自己的伙伴和上级的理性思考能力与耐心。一旦出了什么差错，他们就会观察并了解情况。如果你还不了解团队真正的默契和潜力，可以以冲突为契机，加以衡量。无论评判上级、同伴还是客户的领导能力，都可以从他们在冲突中的表现见分晓。

第二种方式是利用冲突建立信心并赢得团队尊重。我见过的许多成就斐然的首席执行官、创意总监等领导者将职业生涯中突飞猛进的成就归功于某次危机的化解。这些冲突的化解与其说与实际达成的交易或决定有关系，还不如说与解决冲突的过程有关系。领导者鼓励团队退一步海阔天空，重新找回客观的判断力；停止互相指责，开始集思广益寻找解决方案。当团队陷入怀疑或犹豫的泥潭时，这些领导者抓住机会对冷漠的态度迎头痛击并让团队重整旗鼓，共同探索解决方案。处于冲突带来的焦虑中的人在出差错时最容易受到影响，这也是正常现象。但深谋远虑的领导者会利用冲突的契机，重整旗鼓，让团队变得更加强大。

借助欣赏的力量促进他人发展

2005 年秋天，我驱车从波士顿的洛根机场（Logan Airport）前往科德角（Cape Cod）沿岸的一座小镇参加一个由世界知名小说家杰伊 · 奥卡拉汉（Jay O’Callahan）筹办的故事叙述研讨班。我在高盛集团的一位导师——斯蒂芬 · 兰道尔，此前曾建议我学学如何讲好一个故事。他经常挂在嘴边的一句话就是：“领导能力，只有借助故事叙述的艺术才能发挥最大作用。”

毋庸置疑，杰伊·奥卡拉汉是世界上最擅长故事叙述的一个人，是这个领域名副其实的大师。这个研讨班的一大亮点就是，听众可以轻松地坐着聆听大师的智慧。奥卡拉汉蓬乱的白发、魁梧的身材以及精心雕琢的演讲着实令人着迷。他不仅是一位伟大的故事叙述者，还是一位耐心体贴的老师。

故事叙述是一种非常细腻的艺术表现形式。一个人分享的故事通常是极其私密的，叙述者试图通过故事理解童年的记忆，并调和我们对生命的神秘方式的理解。因此，必须谨慎处理对故事的反馈，在科德角“爱丽丝之家”（Alice’s House）里开展的这次故事叙述研讨班里尤为如此。算上其他 9 位学员，我是里面唯一一个年龄在 70 岁以下的学员。虽然我此行的目的是为了学习故事叙述，为职业生涯发展增加砝码，但我很快就意识到其他参与者的目的与我截然不同。他们来到这里，是为了学习如何以故事叙述作为一种传承的方式，将自己的故事在家族里传承。你如何评价一个人对自己人生故事的叙述？虽然所有创新项目都是热情驱动的产物，在项目反馈方面需要精心处置，但故事叙述却与之有很大不同。

在帮助经验丰富的故事叙述者和胸怀大志的故事叙述者磨炼技艺时，奥卡拉汉都会借助听众的意见。每一个参与者都会讲述一个故事，而后大家会轮流进行奥卡拉汉所谓的“欣赏”。我分享的第一个故事发生在大学，当时我与几个朋友在月光下散步，穿过一块墓地。我就这么站着讲述了与两个同学之间的友情故事，自认为这个故事既带着一丝神秘，结局又振奋人心。我尽量用上一些手势，因为前面发言的那个人使用手势受到了奥卡拉汉的赞许。我还尽量让自己的发言清晰，尽量使用完整的句子，句子之间常用强有力的停顿稍做间隔——就像奥卡拉汉在讲述自己的故事时做的那样。

当我讲完之后，奥卡拉汉一边鼓掌一边笑得前仰后合。“相当精彩！太棒了！”他说道。他和班里这群同学的热情和支持令我十分振奋。那一刻，我觉得自己破解了故事叙述的奥秘。后来我才想起自己是个业余人士，因此渴望听到别人的反馈。我是不是讲得足够清晰？故事情节究竟会不会令人费解？或许故事当中是否有某个部分可以被砍掉？

我很感激大家给我的积极反馈，但也渴望得到一些建设性的反馈意见（同时心里也有些忐忑）。我想要知道有什么不足。然后我记起来这个研讨班分享反馈的方式完全不走寻常路。说白了，就是不允许提出建设性反馈意见。我无须防备暴风骤雨般的批判意见，而是要通过倾听小组成员的"欣赏"意见来完善自己的故事。

欣赏是奥卡拉汉和其他故事叙述者在不打击士气的情况下提升学生技能的一种技巧。它是一种独特的反馈形式，有助于创新专业人士专注发展自己的优势。其背后的理念是：分享完一个故事（在其他情况下，或许是一个演讲或创意）之后，你挨个询问，让大家就他们最欣赏的某些点做出评论。

就我的表现而言，很多人都很欣赏我讲故事的节奏。此外，我还收到了很多关于人物刻画方面的评价，这让我有些意外。听完了故事中大家最欣赏的这些方面之后，我意识到了自己将来讲故事的时候需要更突出哪些优势。

交换欣赏意见旨在帮助你不断构筑自己的优势，这个观点基于这样一个假设，即：磨炼出色的创新技能不在于揪住自身弱点不放，而在于发展自身优势。我注意到，当你赞赏他人优点时，会带来一种自然而然的矫正效果，最终帮助他们扬长避短。随着研讨班的伙伴们一而再，再而三地重述自己的故事，本来的缺点自然而然地消失了，而亮点却变得越来越鲜明。

"在我们的文化中，大家耳濡目染地去寻找弱点，这令人匪夷所思。”奥卡拉汉向我解释道，“和他人共事时，每每当我指出那些精彩的关键细节，即那些焕发生机活力之处时，人们常常惊喜万分。”他接着指出：“如果总是将目光放在寻找弱点上，我们就会开始丧失发现美的本能。”

当然，也有人唱反调，认为更直接的批评反馈可能有助于抓住要害。对此奥卡拉汉的回应是，基于欣赏的反馈能帮助我们获得更深层次的创造力：

> 人需要放轻松，才能去探索发现。如果我们太过强调逻辑、只顾批判，就无法借助自己的无意识去看待事物。有时人们会说：“我只想知道如何改进，而不是听什么溢美之词。”大家总认为指出错误是改进的唯一法门。然而，欣赏并不是相互客气，而是要指出其中焕发生机活力之处。被欣赏者应该领会并吸收这些欣赏意见。

能够意识到并分享欣赏意见实际上比提出建设性批评更难。人类具有批判的天性。在交响乐中听到一个跑调的音符比辨别出完美演绎的关键音符来得容易。正如奥卡拉汉所言：“每个人都认为指出优点对自己而言自然不在话下。然而，事实并非如此。‘这个词组真新颖，床单像覆盖着白雪的山川，这是个可爱的意象，太美啦！’像这样的话，没有日积月累的功夫是说不出来的。但是要让人们注意到这项技能很难。”

当然，奥卡拉汉借助欣赏来发展创新才能的方法不仅仅适用于故事叙述。有些创新团队将基于相互欣赏的元素融入创意评审过程。我曾经拜访过一家设计公司，他们将一件作品放在会议室桌子上，然后请每个人分享这件作品中他们最中意的三点。作品的创作者拿走所有反馈意见——都是一些积极的反馈——然后再做出一个新的版本供团队评审。这个新的版本几乎总是有突飞猛进的改观。而有些团队成员之前的顾虑，虽然没有与设计师分享，却时常自然而然地弱化了。相互的积极鼓励提振了团队的士气和整体默契，艺术家也得以进一步发展自己的优势。

在开始正式批评之前，与团队开展一轮基于欣赏的改进工作。这样会让你的项目和同事的技能自然而然地逐步改进。反馈交流过程的这个改变不仅会提高产出，也会增加团队的默契。

寻找热点

大多数公司都非常重视等级制度和上下级关系。尽管权势等级可能会影响薪水和名片上的头衔，但在创意落地方面，它并没有你想象中那么重要。

在一家《财富》500强（Fortune 500）大公司里进行的一项研究中，研究人员在员工当中开展一项调查，调查主题是关于他们会向谁求助的问题。不论是电脑问题、财务咨询，还是有关公司历史的事情，员工们都需要提供他们“求助”对象的名字。

一收集到数据之后，研究人员就将这些数据点绘制成图，用图形说明信息的流动情况。情况很快豁然开朗：在图中存在着各种特别活跃的信息“节点”。分布在整个组织当中的这几个节点就是众人依赖的主要求助对象。令人惊讶的是，这些节点与公司内资历最深或经验最丰富的人不存在相关性。

据说，一位看过数据的主管评论道，这些作为重要信息节点的员工从来没有得到重视或正式说明，这么重要的信息节点很有可能在某一轮周期性的裁员中就这么从公司流失了，想到这里多么令人心惊肉跳。

较之职位高低，组织变革中最成功的领导者更关注的是谁掌握最佳信息。归根结底，高质量的信息催生高质量的决定。如果你能找出组织当中的信息节点，就能够充分掌握情况，引领团队。我们要停止四处寻觅，环顾周围，寻找那些似乎总是知晓答案的人。

几年前，我在高盛有幸遇见马尔科姆·格拉德威尔（Malcolm Gladwell）并聆听他向我们邀请的几组客户发表讲话。他用强有力的论证说明了改变并不总是漫长的，它可以发生在顷刻之间，而产生顷刻改变背后的催化剂就是他所谓的“社会力量”。

格拉德威尔解释说，社会权力不同于经济权力或政治权力。它与地位或某些特定人群无关。拥有社会力量的人具有将其他人联系在一起的特殊能力。他们总是掌握情况，受人尊敬，尽管不一定是因为等级高低的缘故。

我的朋友艾琳·布兰南（Erin Brannan）现在是一名非营利组织的主管，曾经在驻扎于巴巴多斯（Barbados）对岸圣文森特（St. Vincent）的美国和平队（Peace Corps）里待过几年。我到当地拜访她时，她在当地群体中的独特影响力给我留下了深刻印象。她向我解释道，帮助建学校或改善医疗服务固然是好事，但只有找到并培养那些能够在未来几年持续将这些善举传承下去的人，才能带来持续的影响力。在讨论中，我们发明了一个新术语“热点”。

不论是在圣文森特岛或是在大型组织里，热点指的都是那些拥有社会影响力的人。他们在群体里受到尊敬，却不会被视作是孤立并最终限制官方高层领导的潜在威胁。

如果你问对了人，找对了地方，就很容易找到热点。不要找那些功勋卓著或盛名在外的人，而是要询问大家都去向谁求助。找到公司或行业内那些被众人认为靠谱且总是能知道（或发现）答案的奇人。当你找到这些热点人物之后，聆听他们的观点并为他们赋能，赋予他们更多影响力和职责。试图在自己的创新事业中引领变革时，应当减少对正式的权利游戏和自上而下的变革的依赖，找到并吸引热点人物参与，从而带来持久的影响。

3.4
自我引领

最具挑战性的管理对象是你自己。

“自我引领”并不是大多数人经常想到的概念。然而，领导能力不仅关乎如何引领他人，也同样关乎如何引领自己。在推动创意开花结果的道路上，我们面临的某些最大的障碍就在于我们的内心。

大多数创新领导者能追根溯源，发现这些最大的障碍背后的某些个人原因，包括恐惧感、缺乏安全感或自我设限等。回顾那些让我们心力交瘁的战斗，譬如以失败告终的合作关系，或是在我们眼皮子底下逐渐分崩离析的团队——我们必须挑战自我，承认自己在这些失败当中所扮演的角色。我们的判断失误常常是导致失败的根本原因。

在创新事业中引领他人的同时，你也对自己负有最大的责任。自我引领意味着自觉自知、容忍，以及不让自己的天性限制自己的潜能。

发现通往自觉自知的道路

贯穿我的研究以及这本书的一个主题就是与自己的天性作斗争。我们常常无法充分利用组织、群体和领导能力的强大力量，原因就在于被自己的天性挡住了去路——譬如不断构思各种新创意、将自己当作一座孤岛等。即使手握改进创意构思、项目组织、借助群体力量和引领他人的锦囊妙计，仍然很容易退步。

为了确保自己在正轨上运行，我们的最大指望就是在偏航时能有所察觉并找出原因，即做到自觉自知。自觉自知是领导能力中的一项关键技能，但又是非常个性化的能力。它与我们的行动无关，而是与触发行动的情绪有关。

前面我们介绍过李吉，他掌舵谷歌创新实验室，富有远见卓识，效率超高，同时也拥有在创意执行领域长期摸爬滚打的经历。在交谈当中，他向我阐述了情绪在创新工作中扮演的角色。他解释道："社会教我们抑制情绪，但为了实现有效领导，你必须理解并磨炼情绪。"

李吉的个人历程与创新界其他许多领袖一样，都有一段心理成长的心路历程。对李吉而言，这段成长历程意味着群体治疗。他所谓的群体治疗"就是关注当下，真正去倾听他人"。在群体治疗中，团队成员们建立起一套封闭的关系，这些关系与真实世界当中十分相似，但又是在一个安全的环境中建立起来的。这种背景环境让你得以自主发现自己行为背后的情绪。

如果有人说了让你烦心的话，这种环境会鼓励你表达这样的感受。"你说的话让我生气""你把我惹毛了""我感到害怕"——这样的表达在这种环境中并不罕见。在安全的环境中表达这些真情实感，这成为一种催化剂，让你理解情绪背后隐藏的东西。在现实生活中，这样的情绪几乎总是被压抑，但从小组讨论中收获的观点意见为现实生活注入了极其强大的能量。

李吉和创新界许多其他受人敬仰的领导者在自己身上下功夫，

通过群体治疗、个人顾问团、圈子等方式去理解自己行动背后的情绪推动力。如果团队成员愿意相互信任并将自己脆弱的一面暴露出来，那么前面讨论过的圈子构建也可以作为产生自觉自知的来源。我见过的其他一些领导者会召集自己的“个人顾问团”——一般是由三四个人组成的小组。领导者与顾问团分享自己的恐惧，并寻求坦诚的反馈。选择什么样的机制可以因人而异，只要你应对挑战，更深刻地进行自省就可以。

变得更加自觉自知，能够让我们从自己身上学到更多东西。犯错时，我们能更轻而易举地找到纠正错误的方法。从他人那里获得反馈时，如果我们能够逐渐理解这些反馈和我们的情绪之间的联系，这些反馈就更有可能被化作行动。发现自觉自知的道路永无止境，尽管如此，我们还是必须跨越这条雄关漫道。

在创新界崭露头角的领导者得益于人生中某种形式的心理成长。早期就在锻炼自觉自知方面下功夫，有助于提升判断力。而良好的判断力能构筑持久的关系并成就英明的决策——这又为你赢得了引领宏图大业所需的尊敬与信心。

培养对模糊性的容忍

随着自觉自知意识的增强，我们对不确定性的容忍度也提升了。对待模糊性的耐心有助于我们避免受情绪驱使——而不是依靠聪明才智，做一些自以为是的决定。我们必须对时间加以善用，并缓和自己仓促行动的倾向性。

一家大型科技公司的领导与我分享了当一个资金雄厚的强大竞争对手进入她的地盘时她所面临的挑战和巨大焦虑。新来的竞争者故意误导她公司的客户，声称她的公司客户服务不达标，价格也没有优势。

然而，这位领导并没有匆忙起草一个防御性的营销战略并致电客户，而是咬牙坚持并引入新一轮的改进提升，凭借改进提升最终在竞争中胜出。“我坚决不让一时的忧虑搅乱我们深思熟虑的计划。”她向我解释道，“作为领导者，我的工作就是同时提升团队对诸多糟心事的容忍度。”

最出色的领导者对模糊性有很高的容忍度。他们不会因未知事物而抓狂，面对令人失望的事情也不会失去耐心。他们能够凭借自己掌握的信息开展工作，明确自己不知道的事情，再据此做决策。此外，他们在行动中也坚信平均法则。随着时间推移，真相总能水落石出。

在任何组织中都普遍存在一种我称之为“暂时不公正”的现象。时任副董事长的罗布·卡普兰是我在高盛集团共事过的最杰出的一位领导。他说：“在任何优秀的组织中，随着时间推移，公正终将占据上风。但公正却不会在任何一个时间点占据上风。”作为一个优秀的领导者，卡普兰相信功劳没有得到认可或项目分配不公的现象是存在的，但对组织逐渐成长的信念让他能够忽略这一点。

在经济规律和人类行为规律的作用下，一切情况随着时间推移，都会变得豁然开朗、公正公平。然而，缺乏耐心又冲动的领导者很容易在短期的模糊阶段中栽跟头。他们的判断变得不牢靠，同时也有可能失去自己在组织里的根基和他人的尊重。

这种情况下可采用的诀窍就是培养对暂时不公正和模糊阶段的容忍。保持坚强，保持冷静，随着时间推移，事情会尘埃落定，笼罩在所有改革期的疑云也会逐渐消散。你的坚韧不拔将催生更多的尊重和机遇，这在日后将为你带来回报。

捕捉失败的好处

项目出了岔子的时候，我们必须以开放的心态吸取经验教训。正如英国作家艾伦·亚历山大·米尔恩（A.A. Milne）所言："正确的判断来源于经验，而经验却源于糟糕的判断。"消化吸收伴随失败产生的种种认识，是创新过程中关键的一部分。

我们当中大多数人都很难面对失败，因为当创意止步不前时，我们不仅感觉这是一种职业上的失利，也是一种个人的伤害。然而，当我们下决心采取无把握行动并大刀阔斧地淘汰创意时，这种倾向性就会带来一个严重问题。一旦我们下决心这么做，就会遇到许多死胡同。遭遇失败或最终以失败告终的项目拥有巨大价值，但前提是我们要能够认识到失败并收获失败的好处。

出现问题时，我们应该回答以下三个问题：

（1）有哪些外部情况可以解释这次失败？当某个创新项目的结果不如你所愿时，你应当试着找出是否有什么外部因素导致失败。或许客户没有就任务简介给出恰当解释，或许是时机不对，抑或是有其他迹象表明所需的外部支持没有到位。吸取这些经验教训将有助于你更好地管理日后的项目。

（2）有哪些内部因素可能影响你的判断？当一个项目没有达到预期时，在项目过程中几乎总是有一些可以换种做法去做的事。也许你没有从客户那里寻求足够的制约。也许你在项目早期做了错误的假设。扪心自问：如果必须挑出两件可以换种做法去做的事，那会是哪些事？你不需要和他人分享这个答案，但应该勇于挑战自我，找到答案。借助自觉自知，你应该能找出影响自己判断的因素。

（3）在意外的结果中是否隐藏着什么宝藏？弗朗西斯·福特·科波拉（Francis Ford Coppola）曾经打趣地说："艺术在一定程度上就是利用从天而降的意外。"然而，当你的流程被意外打乱了节奏时，要嗅到这种可用性可能尤为困难。可与其只是停留在出错的地方，不如考虑自己不经意间可能的发现。

避免愿景家的自恋陷阱

我在高盛集团供职的那段日子，曾经在互联网泡沫时期和后来泡沫破灭的萧条期从旁观察了行政办公室的众多会议。每一个挑战从他们口中说出来都是尤为罕见且绝无仅有的事件，这总让我觉得颇有意思。"我们从未有过这样的一场市场泡沫，泡沫之后出现了这样的利率波动，还夹杂着对恐怖分子的担忧。"然后，那些商业领袖纷纷点头称是。还有人会接着说道："这是一个非常时期。"

"这是最不寻常的 X 时期，最伟大的 Y 时期，崭新的 Z 时代……"如果按照我听到的这一次次发言，你可能会觉得我如果不在三十年前来到这个世上，或许会错过人类有史以来在商业领域最激动人心的那几年！当然，如果你纵观全局，就能看到除了一些例外，还有更多规律可循。在铁路热潮、郁金香热潮、广播热潮、互联网热潮中，领导者大手笔地买入，那些"活在当下"的行政领导每每总是孤注一掷。

但尽管有史可鉴，认为某个特定机遇或挑战是一次性的这种思想倾向依然根深蒂固。我将这种倾向称作“愿景家的自恋”，即领导者视自己为例外的这种默认思维模式。

作为创新人士，我们特别容易受到愿景家时不时的自恋冲击波的影响。我们不但可能被某个具体问题或机遇的特殊性冲昏头脑，而且还渴望开天辟地，喜欢标新立异。尽管我们倾向于用一种全新的眼光看待每一个创新项目，但也应该接受一个基本的认知：没有太多事物是全新的，我们的确可以以史为鉴。

挑战自己，让自己拥有一些判断力。不要被工作的创新性捆住手脚而断绝与历史经验的联系。当你与客户谈判时，与供应商和合伙人协作时，或是碰到生意上的特殊决策或投资机会时，要让自己认清事实——你所面临的情况并不是你以为的特殊个案。以往的知识任君使用，而且常常是没有风险且经过时间考验的知识。身处当下，并不觉得事情会成为历史，但它终究将成为历史。因此，将来你很有可能会回头看，意识到自己早该知道这一切。

用逆向思维与传统思维作斗争

利用以往经验教训的同时，也必须要对其提出质疑。当然，任何人都不应该无视好建议，沦为愿景家自恋的受害者。但作为创新专业人士，我们不能被现状束缚。

可另一个难题出现了：我们该如何协调寻求专家建议的倾向性与标新立异、精益求精的渴望呢？必须警惕的是：“诀窍”是经实践检验的正确处事方法，常常成为传统思维，而传统思维又常常是错误的。

在每个专业领域都存在着向前辈取经的习惯倾向，这也有一定好处。从工业时代之前的学徒制，到如今渗透到我们生活中的传统企业等级制度,从古至今,社会都建立在集体智慧的基础之上。当全球一些重大会议召集行业专家分享他们的智慧时，我们仔细聆听前辈的预测，奉若神旨。

然而,对社会上一小部分以创新和突破极限为己任的人而言，依赖传统智慧是致命的。我们必须带着一丝质疑的精神听取建议，始终思考开发各种新平台的好处，而不是将注意力放在不断模仿沿袭传统上。

在对创新专业人士的采访中，我很早就发现的一个主题是“逆向思维”法，即在处理问题或集思广益酝酿新创意时，故意进行反常规思考的做法。逆向思维者（即使不乐于接纳也）愿意处理标新立异背后蕴藏的不确定性和风险。通过质疑常规，他们最终要么找到更好的方法，要么对旧做法抱有更坚定的信心。

以下是一些技巧，可以帮助你训练逆向思维，在传统智慧的海洋中不迷失方向。不用说，要用质疑的眼光看待它们！

（1）不要将年龄作为崇敬某人的依据。对年轻人或行业新人存在着一种固有的偏见，因为他们相对缺乏经验，我们就会质疑他们到底能知道多少。然而，在发现趋势风向，采取新技术和尝试冒险任务方面，经验更丰富的创新人士通常敬而远之，而新手却有着合情合理的优势。与新手共事时，你应当基于他们的真实兴趣和技能,而不是他们的年龄或是在行业的资历年限,做出评判。

（2）重新思考你的指导方法。你可能倾向于指望级别比你高的人为你提供指导、人脉和机会。然而对你而言最有用的顾问、合伙人、同事和财务官不是你眼前站在舞台上的那些人，而很有可能是坐在你身边的这些人。尽管在社会中大家可能会认为，向金字塔最顶端的人学习，收获最多，但你也必须尽力关注自己周围和下面的人。与其将指导视作好心施舍，不如将其视作一种收获好处的策略——通过建立人际关系等方式，这种策略也能让你受益。

（3）**区分过往成就与当前知识。**我们都有一种“吃老本”的倾向，但知识的更新迭代极其迅速。昨天还足智多谋的专家今天可能就无法提出什么有用的意见了。事实上，这样的专家可能太过执着于自己过往的经历和成功，无法看清时代的变化。因此，你应该对某人的过往成就与当前知识之间的关系抱着质疑的态度。

（4）**精益求精，而不是追求至善。**不要默认接受一直以来的做法，而是要意识到任何事都可能有更好的做法。尽管在执行项目过程中发现并遵循经过时间检验的方法当然有一定价值，但被动地接受建议却很危险。对所有的传统思维和“诀窍”都不可全信，要在追求“更好做法”的过程中发展这些智慧。（这也同样适用于本书中提出的建议）

将自己当作创业者

你有责任让自己的创意得以持续发展。要让一个创意随着时间的推移蓬勃发展，就必须把它当作一个企业。不论是单打独斗或是在大公司工作，在领导创意工作这方面，归根结底，你就是一个创业者。

安德鲁·韦恩里奇（Andrew Weinreich）是一位极富开创精神的连续创业者，他说道：“创业者并不是那些拥有最出色的创意的人。他们只是一群在不知道答案的情况下愿意一头扎进去的人。”韦恩里奇创办了最早的一个社交网络——SixDegrees.com，并最终在 2000 年 1 月将其以 1.25 亿美元的价格出售。最近，他又组建了为手机和网络应用程序提供免费定位服务的 Xtify.com 网站，以及移动约会服务网站 MeetMoi.com。在所有这些风险项目中，韦恩里奇都扮演了创始人和领导者的角色。

韦恩里奇的商业冒险并非始于深思熟虑的战略和商业计划。他从法学院毕业时，身负逾 10 万美元的债务。但他拥有创意，对这些创意抱有美好的憧憬。“比起金钱，热情能让你走得更远。”韦恩里奇向我解释道。可当他狠下心投身第一个风险项目时，却不看终点——他认为脑子里就不该想着终点。相反，他坚信创业者就应该尽力“一直待在第五局”。这意味着他们应该更关注循序渐进，而不是一心只想取胜。大获全胜可能还很遥远，还需要在当前项目进展的基础上历经多次迭代更新并注入更多创意的养分。这种持之以恒的做法与绕过奖励机制的概念一脉相承。韦恩里奇将其称作“故意自我欺骗的过程”。即使发现自己一直处在中间的某个阶段当中——不断尝试同一个创意，你也必须以某种方式，借助循序渐进的方式来保持投入的状态，维持前进的动力。

韦恩里奇回忆道：“当我们的创业团队第一次聚到一起时，我告诉他们，他们最大的风险是加入这个团队，剩下的工作就是怎么填补这艘船上的一个个漏洞。如果我们坐着不动，船就会沉没。行动越快，渗水就越慢，随着时间的推移，我们最终会将所有的漏洞都堵上。”韦恩里奇深信，在创业的风风雨雨中生存下来的关键就在于维持前进的动力。“当你停下不动时，游戏也结束了”。

对前面提到过的 RCRD LBL 音乐平台联合创始人兼首席执行

官彼得·罗哈斯而言，追求新创意过程中最难的部分就是“下定决心，即在心理上决定开始或结束。”他回忆起自己在离开瘾科技网之后，脑子里有其他许多关于视频网络和电视的技术创意，但他认定这些创意对他而言不具备十足的吸引力，也没有准备好一头扎进去。

遇到值得你投入时间和精力的创意时，很重要的一点是，在狠下心投身其中之前要清楚自己在哪些问题上必须有把握，哪些问题上不需要。你不需要（也永远不可能）掌握所有答案，但你一定要感觉到放手尝试比拒绝尝试的风险来得小。你也不需要看见终点，但你一定要拥有足够的动力维持下去。

安妮·拉莫特（Anne Lamott）在全球畅销书《写作课——一只鸟接着一只鸟写就对了》（*Bird by Bird*）当中谈到写作艺术时，引用了美国获奖作家埃德加·劳伦斯·多克特罗（E. L. Doctorow）关于小说创作感受的名言。多克特罗宣称：“写作就像在夜晚开车。你永远看不到比车头灯所及之处更远的地方，但你依然可以用这种方式完成整趟旅程。”

在将想法转化为行动的旅程中，即使只能看到前方几米远，你也必须保持前进的动力。多数创业者都会承认，握有出色商业计划的作用被高估了。其实，在这段旅程中最关键的是你能不能勇往直前，一步步推动自己的创意向前。

乐于不走寻常路

关于创新事业中常见的个人障碍以及如何战胜这些障碍，我们已经谈了很多。除却由于自己的天性带来的挑战之外，还有一些外部的、经常是与社会有关的压力，可能在我们意志薄弱的时候成为前进路上的拦路虎。

我在本书撰写过程中采访过的大多数卓越创新人士都提到了自己人生中的几次决定，这些决定虽然不受欢迎，但颇有必要。不论是辍学追求自己热衷的事业，放弃薪水丰厚的工作创立新公司，还是婉拒在别人看来千载难逢的机会——这些都是不走寻常路。这些崭露头角的创新人士一旦独辟蹊径，就失去了他人的支持。然而，在老师甚至是亲朋好友你一言我一语的劝阻声中，他们坚持了下来，并且学会从他人的质疑中获得自信。这让他们在某种程度上成了离经叛道的人。

在创新事业中，离经叛道的人特立独行，不受欢迎、被误解，甚至他人避之不及——这一切他们都不以为意。对非凡成就的远见卓识，顾名思义，就是超越众人一致意见和传统思维方式的思想。因此，我们应当从社会的怀疑中汲取勇气，而不要被怀疑吓倒。

社会有些虚伪。主流社会对桀骜不驯的创新人士持怀疑态度，唯恐避之不及——尤其是当他们反抗现状的时候。辍学或选择非传统的职业令主流社会嗤之以鼻。但与此同时，我们却赞颂艺术家和创业者所取得的成功，认为他们丰富了我们生活的方方面面。社会赞颂的，正是它们唯恐避之不及的事情所带来的成果。

如果将创新的成功看作一次性的行为，那就大错特错了。创意成真不是偶然性或运气的产物。创新成就只是标新立异并坚持到底所产生的顺理成章的结果。社会眼中巨大的风险在我们有些人看来却是具备十足吸引力的良机。这样的项目能否成为有价值的成果，取决于我们的组织和领导能力。

你必须学会在他人的质疑声中建立自信。人迹罕至的路是通往新发现的唯一道路。随着压力不断累积，你必须咬牙坚持，将他人的怀疑视作自己进步的标志。

在引领创新事业的过程中，你不能依赖传统的知识、奖励和流程。前面已经提到，你必须以质疑的眼光看待自己管理精力和吸引员工、合伙人参与的方式。非凡成就的实现从来依靠的都是不走寻常路。有了不走寻常路的思维方式，他人的压力就成了自信的源泉。卸下现状施加在你身上的沉重负担和期待，你就可以组织并引领非凡创意开花结果。

留意倒计时

回头讨论采取不走寻常路的思维方式以及敢于挑战现状，无疑是事后诸葛亮。但要跨出这一步其实相当困难。我们许多人在追求创新的道路上止步不前，原因五花八门。我们想在当前的岗位上多待一段时间,或许是为了积蓄更多资金,或许是为了获得“再次升职”。又或者我们在“等待恰当的时机”，但又说不准这个时机什么时候会到来。这些也许都是合理的解释，但也可能只是拖延创意执行的完美借口。无论哪一种情况，我们都要为拖延行动付出代价。

试想以下情况：

此刻你列席一个沉闷的会议。其他人交谈着，你却在开小差，望着墙上的挂钟出了神，时间一分一秒地流逝。眼看着 60 秒过去了，你生命中的一分钟一去不复返。

在这期间，你有没有冒险去推动自己的创意开花结果？有没有以任何形式推动事情的进展？有没有开展自我营销，为自己争取一个向真正的兴趣靠近一步的机会，或是找到某个方向，进一步发展某方面的专业特长？你有没有善用周围的人脉影响与机遇？

这个小插曲要么令人心痛——提醒你浪费了多少光阴，与多少机会失之交臂；要么催人奋进——提醒你利用每一分每一秒，拼尽全力追求人生。具体是哪一种情况，取决于你如何看待当前的职业生涯和创意的状态。

倒计时的概念很简单：如果被告知自己的生命会在确切的哪一年、哪一天、哪一刻结束，你会以不同的方式管理自己的时间和精力吗？尽管这个日期可能距离现在 73 年、12 天、2 小时，或者 30 秒，但你会不会更清楚地意识到时间在一分一秒地流逝？

本质上，我们每个人都有大限到来的那一刻，但因为没有倒计时所以大家也不觉得有负担。鉴于这个信息所带来的焦虑，这或许是件好事。但是，留意倒计时却颇为有益。当你寻求利用自己的创造力、洞见和创意时，机会窗口一直是紧闭的。此时施加些许压力反而是件好事。

时间滴答滴答流逝的现实应该会激励你对自己的创意采取行动。当一个个小机会冒出来时，你可能想要抓住它们。留意倒计时能帮助你欣然承受风险，因为时间毕竟不多了。抓紧开始行动！

热爱的谜题

在追求创新的道路上，热爱扮演着一个奇怪的角色。一开始，它点燃了我们的兴趣，激发了关注和学习的不懈渴望。在艰难时期和项目平台期，热爱让我们保持投入。但热爱造成了我们的憧憬与实际成果之间的鸿沟，可能带来极大的失望。

1. 热爱驱使着我们

贾森·兰道尔（Jason Randal）是一位卓尔不凡的绅士，对热爱有着深刻的认识。你可能见过他在某个深夜脱口秀或全球知名会议上表演魔术；又或者在某部作品中看到他作为特技替身参与演出，包括《军官与绅士》（*An Officer and a Gentleman*）、《破晓时刻》（*Tequila Sunrise*）、《风月俏佳人》（*Pretty Woman*）等。即使你看过，你或许也不知道兰道尔拥有社会心理学博士学位，能弹奏 5 种乐器，会作曲，会说 3 种语言，同时还是通过执业医师资格认证的催眠治疗师、持证锁匠、国际潜水教练协会（NAUI）名仕级潜水教练，以及通过高级认证的民航客机与直升机飞行教员。

我还没说完，兰道尔也是空手道黑带七段，已在查克·诺里斯（Chuck Norris）空手道学校执教了 6 年。信不信由你，这个清单还能继续往下列。但最关键的是，兰道尔在发展专长方面驾轻就熟。

有福同享，兰道尔也愿意将自己的秘诀公之于众。他强调，熟练掌握某个领域的知识技能有 3 个关键因素：（1）对某个主题的深刻渴望与兴趣，（2）学习该主题的能力，（3）争取支持的能力。兰道尔解释道，深刻的渴望与兴趣能促使人持续热情地投身于这个主题内容当中。对某个主题的痴迷，再加上（通过理解和记忆工具等）学习的能力，以及他人的参与——将这三者结合起来，你就能创造非凡的成就。

在兰道尔关于自己拥有诸多兴趣爱好的方法阐述中，一个共同的思想核心就是对掌握的每一项技能及其运用的一种发自内心的深刻热爱。兰道尔有一种精益求精的渴望，这并非出于野心勃勃或争强好胜，而是由于热爱的驱使。热爱让他长时间投身于学习、尝试，以及大胆冒险当中。作为自己项目和理念的杰出推销员，他能够吸引群体参与。这种积极的能量感染了众人，最终让他的项目获益。兰道尔向我们展示了热爱如何带领我们走向辉煌。

2. 热爱也让我们失望

在本书开头，我们介绍了乔纳森·哈里斯。他是一位颇有建树的艺术家，从事一些旨在探索自己在人类情感方面的兴趣的复杂项目。在与哈里斯的会面中，他同我分享了热爱在自己工作中所扮演的复杂角色。

“热爱自己所做的事其实才是最重要的，”哈里斯解释道，“热爱是唯一能让你克服重重困难并抵达终点的东西……但这里也存在一个矛盾又有趣的事实：与你最初的想法，即最初的版本相比，最终完成的作品实际上会是个失败的作品。如果你做完发现不是这么一回事，那就意味着你不够尽力。因为你一旦爱上某件事物，就会将它理想化，逐渐将它设想成一个现实中实际上无法达到的样子。这种感受如此抽象，你根本做不出那样的实物，所以最终难免会失望。在某种程度上，这种失望的程度与最初的设想有多美好直接相关。”

哈里斯认为，热爱驱使着我们，让我们对自己的项目保持忠诚，但最终也必定会带来某种程度上的失望。

3. 协调热爱

你可能听过一句老话“怎么让一个人不再享受自己喜欢做的事？付钱让他们去做这件事。”这句俗话表明，当你热衷的爱好变成了工作，这个爱好之于你的关系便悄然改变。我们目睹了许许多多这样的例子——设计师被大公司雇用，企业家被大公司雇用来运营某项业务，小说家接受委托为他人创作一部小说……一旦我们开始撸起袖子行动，痛苦便纷至沓来。这些项目的运作方式令我们焦虑。当我们不得已放弃控制权并意识到自己为成果心甘情愿付出，却要被他人抢了功劳，我们便开始怀疑自我。

这种情况下，你所面临的挑战就是与自己热爱的行当保持一体的关系。如果你依赖他人施加的期待和回报作为激发自己兴趣的源泉，就会损伤自己的热情。传统激励措施催生的热情就像转瞬即逝的热切渴望一般，很快就会销声匿迹。因此，你必须专注于工作的内在报酬，借助各种方法——而不是最终结果，持续激励自我。

热爱是让我们全身心投入的原因，也时常是造成巨大失望的原因。然而，对创意或兴趣的那份持久热爱能推动你跨越艰难险阻。改变产业，甚至是改变世界的，往往是那些对自己热爱的行当驾轻就熟的人。他们持续磨砺自己的技能，因为相较于结果，他们更热爱这个过程。而且，他们不断寻找新的方式让自己持续全身心地投入。尽管现实与愿景之间的鸿沟徒增了一系列压力，但他们仍然永葆这种热爱。

3.5
机遇与责任

听到一张新专辑，阅读一本新小说，庆祝一项革命性的新产品或新行业所带来的成就时，鲜有人了解这些成果的创造需要具备多大的能力，付出多少努力。然而，身为创造者，我们应当透过吸引人的表象去看待创新界。我们应当通过不断训练执行力，让自己的创新才智和创新冲动得以善用。

我们身边每天都不乏这样的研究案例。精彩大片的公映，小说的出版，公司的成长……在庆祝取得的突破与成就之余，我们也应当在脑海中反推并想象推动创意开花结果所要付出的一切。这当中涉及多少组织工作，要付出多少辛劳？这一路熬过了多少个深夜，经历了多少次团队争吵，收获了多少次个人突飞猛进的成长？流了多少汗水和眼泪？

曾经尝过成功滋味的创新领导者彼此都惺惺相惜。这种情感纽带并不是出于共有的成就感，而是出于同理心与互相钦佩。无论身处什么行业，每一位成功让创意成真的创造者都是在漫长斗争中取胜的勇士。尽管他们身上的伤痕与回忆也许来自不尽相同的战斗背景，但他们都知道身处战斗中的感受，都曾拼尽全力穿越项目平台期，不断追求与众不同的创新。

天生的求知欲与好奇心激发了我们的创意，然而让这些创意开花结果需要坚定不移的投入。我们在前面讨论过的所有洞见、人为制约因素和个人妥协都是辛苦投入的一部分。如果在这条路上坚持到底，你就能抓住绝无仅有的机会，在自己的领域产生影响。

创新人士掌握着世界上所有问题的答案，这么说来既不天真，也并非老调重弹。这就是事实。因此，你应当在发挥创造力的渴望与责任感之间取得平衡。

请严肃地对待自己和自己的创新追求。创意必须受到尊重，因为它们的重要性确实不仅仅局限于你的个人兴趣。创意的圆满实现让世界丰富多彩，最终惠及世人。不过这些创意的实现，要仰仗你的热情、投入、自觉自知以及合理的追求。

给自己下战书，去承受那些反对你的自我怀疑与社会压力。在这个过程中要宽慰自己：大家同病相怜。我们都在艰难前行，但每一个人都咬牙坚持着。逆境让我们更加坚强。享受这样的状态：你正走在一条重要的道路上，创造有价值的事物所带来的机遇和重大责任让你在这条路上勇往直前。而你所创造的价值不仅是对个人的回报，也让大众的生活丰富多彩。

致谢

虽然这本书是多年研究与笔耕不辍的成果，但倘若没有彼罕思团队的同事、我的导师和家人的支持与引领，这个创意永远不会成真。书中分享的许多概念和观点都受惠于诸位的影响和给予的机会。尽管我试图恰当地引用每一个信息的来源，但我知道自己的知识是不计其数的讨论、经历和导师悉心指导的结果。诸位对此书产生了重要的影响，对此我深表感激并谨此致谢！

我在彼罕思的创始合伙人兼彼罕思首席设计师马提亚斯·科瑞让我懂得，设计是组织与传播的核心。他的远见卓识让彼罕思得以在创新界产生影响，与他的合作关系在此过程中发挥了重要作用。每天我都从马提亚斯身上学到东西，这项研究以及彼罕思的上线是我们友谊结出的硕果，也是他在设计方面的领导能力和才能铸就的成果。此外，我还要感谢马提亚斯为本书封面所做的艺术指导和设计工作。

我非常幸运能与才华横溢、尽职尽责的彼罕思团队共事。大卫·斯坦（David Stein）和克里斯·亨利（Chris Henry）从一开始就领导着彼罕思的技术团队。他们的洞察力和对彼罕思的管理远远超出了我们的服务范围，也在我们的研究中起到了至关重要的作用。我还想向布莱恩·拉滕（Bryan Latten）和我们不断壮大的技术团队表示感谢。他们完善了彼罕思的技术与开发，也为彼罕思的产品和服务贡献了新的洞见。此外，我也必须感谢彼罕思的运营总监布里塔妮·安塞尔（Brittany Ancell），感谢她对组织原则的驾轻就熟和对彼罕思运营的领导，让我能够有充足的精力撰写此书。

我要向同事亚历克斯·克鲁格（Alex Krug）、奥斯卡·拉莫斯·奥罗斯科（Oscar Ramos Orozco）、约书亚·贾布尔（Joshua Jabbour）和扎克·麦卡洛（Zach McCullough）表达我的感激。他们为彼罕思带来了耳目一新的洞见和引领。感谢彼罕思资深设计师扎克在本书插图方面提供的帮助。此外，如果没有与红鹿角（Red Antler）的 JB·奥斯本（JB Osborne）和艾米莉·海沃德（Emily Heyward）的特殊关系，以及我们尊敬的顾问团成员的引导，彼罕思也不会有今天的局面。

乔斯琳·格利（Jocelyn Glei）从 2008 年开始与我合作，担任本书的研究助理，并成为编辑和讨论整本书的建议和见解的是非曲直方面的重要合作伙伴。她后来也成了 The99Percent.com 网站的主编。乔斯琳本身就是一位才华横溢的记者兼作家。感谢她对这个项目的尽职尽责与无尽的精力投入——如果没有她，就不可能有这个项目。

史蒂夫·科尔和斯蒂芬·兰道尔是我早期在高盛集团工作时的经理和导师。有机会跟随他们并向他们学习，对我理解领导能力的发展至关重要。他们邀请我进入松树街团队，为我提供了超乎想象的体验式教育。

我很荣幸能够在哈佛商学院求学的第二年与特蕾莎·阿马比尔教授合作。阿马比尔教授欣然同意在我开展独立研究期间担任我的导师和顾问，这让我心怀感激。

回顾在这段旅程中给我提供建议并发挥了关键作用的杰出导师、恩师和知己，我还要感谢黛博拉·斯特里特（Deborah

Streeter）、约翰·贾奎特（John Jaquette）、迈克尔·施瓦比（Michael Schwalbe）、迈克尔·布朗（Michael Brown）、伊泰·迪努尔（Itai Dinour），还有款达(Quanda)、瑞步网络（Reboot）、生活合成博客团队（LifeRemix）、TED团队、猎酷（Cool Hunting）公司的埃文·奥伦斯顿（Evan Orensten）和乔什·鲁宾（Josh Rubin）、希拉·丹科（Sheila Danko）、艾伦·迪格南（Aaron Dignan）、乔什·斯皮尔（Josh Spear）、查尔斯·托雷斯（Charles Torres），还有我的好友（及首个商业合伙人）本·格罗斯曼（Ben Grossman）。

我的代理人吉姆·莱文（Jim Levine）、编辑大卫·莫尔道尔（David Moldawer）以及他在企鹅出版集团旗下波富力出版社的团队（Portfolio imprint at Penguin）在项目过程中提供了宝贵的指导与支持，对此我深表感激。

我想特别感谢众多愿意接受采访和邀请我参与其创新过程的个人和团队。你们的见解极其宝贵，你们乐于分享这些见解，也将让其他许多人成为杰出创意的领导者。

最重要的是，我要感谢我的家人，尤其是我的妻子艾丽卡（Erica）、我的父母南希（Nancy）和马克（Mark）、姐妹吉拉（Gila）、朱莉（Julie），以及苏珊·卡普兰（Susan Kaplan）、阿兰（Alain）、艾伦（Ellen）和雷米·罗赞（Remy Roizen）。在我这些年将创意变为现实的耕耘路上，他们都给予了我无尽的鼓励。我还想感谢祖父斯坦利·卡普兰（Stanley Kaplan）。他也是一个积极帮助人们实现自己真正潜能的人，感谢他用自己的人生给我带来灵感，教会我重要的道理。

附录 A
关于行动方法训练的建议

1. 行动方法的设计

无论使用什么类型的笔记本或日记本，你都应该考虑指定页面上的某些区域用于记录可操作事项和后置事项。这些区域应该与用于一般笔记和草图的区域分开。下面举例说明如何使用我们设计的产品开展行动方法训练。

你可以到 CreativesOutfitter.com 网站下载免费的行动便笺模板，也可以购买基于行动方法开发的各种产品。

2. 行动方法的在线实用工具

行动方法的概念可以借助多数在线任务管理工具加以练习。2008 年，彼罕思推出了自己的专属工具，名为“在线行动方法”。这个工具让用户能够借助网页浏览器或移动设备管理行动步骤并与他人合作。登录 ActionMethod.com，就可即刻开始免费使用这个在线实用工具。

3. 更多行动与执行相关资源

彼罕思年度 99% 大会、建议库、访谈等其他资源都整理成了在线资源，可以在 99percent.com 网站上找到。该网站也成了创新界渴望交流经验和提升效率的志同道合之士的社区。欢迎参与！

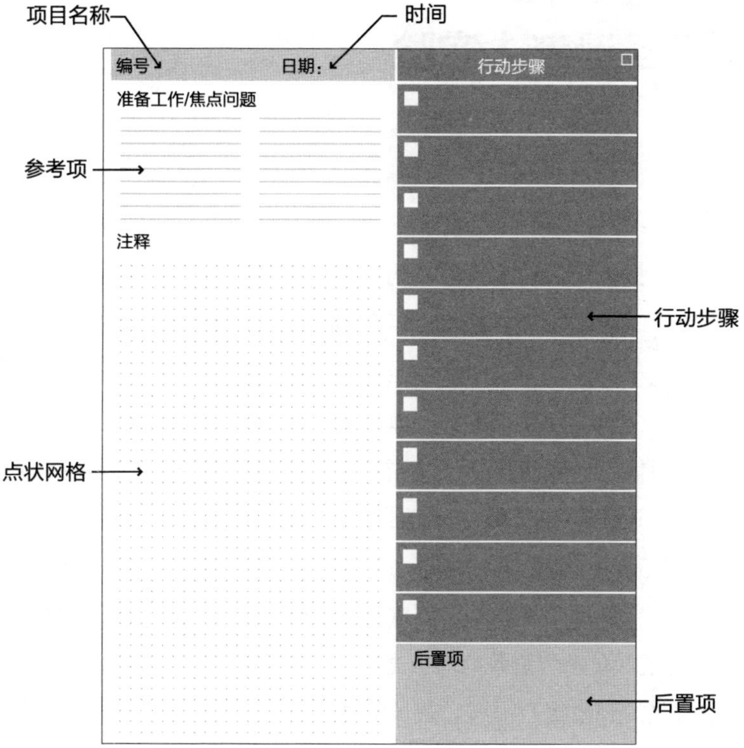

彼罕思团队在会议和头脑风暴中使用的行动方法设计

附录 B
紫色圣诞老人实验

为了探索如何快速将创意构思转化为执行行动（也为了营造节日氛围），彼罕思团队在 2008 年开展了一项有趣的实验。12 月中旬的一个午后，彼罕思团队围坐在初创时期的旧办公室里的一张桌子旁共进午餐。和早期的大多数午餐一样，我们边吃边畅想彼罕思未来的可能性，畅想创新界应当具备什么样的组织性（以及我们怎么才能让这些创意成真）。有时候我们会突然将话锋一转，聊起梦想中的旅行目的地、儿时故事，偶尔也会聊到与我们平日工作稍微沾边的疯狂创意。其中一个创意就是如何散播节日的欢乐。2008 年 12 月正笼罩在经济萧条的乌云之下，我们各行各业的许多朋友都对至暗时刻的到来提心吊胆。裁员的威胁正步步逼近。

我们午餐闲聊的话题突然转向了如何散播节日的快乐。然后，有人突发奇想："如果有个圣诞老人出其不意造访纽约市的一众机构和创新工作场所，那会怎样呢？"

最终，一个圣诞老人变成了三个蓄着紫色长胡须的圣诞老人，扛着红袋子，里面装满了糖果、彩票刮刮卡和带来节日欢乐的小纸条。这原本是一个不成熟的疯狂创意，根本不可能实现。但由于某些原因，它却吸引了越来越多的人，在对话交流中，这个创意也逐渐变得具体清晰起来。有人建议采取匿名方式（包括不向他人透露我们的行动，与保安打交道要有策略）。我们要解释说自己是被派去给机构里某个相识的人送圣诞祝福的。而且，大家也同意尽可能地控制预算。这一切让这个创意逐渐变得靠谱可行。

就这样聊了40分钟，我们这才意识到午间用餐时间早已过去。大家开始收拾桌上的面包屑，啜饮最后一口饮料，然后回到手头的项目和日常任务中去。转眼之间，这个创意几乎就被抛诸脑后了。正当我们开始要做各自的事情时，有个团队成员突然说道："哈，我知道哪里有便宜的圣诞老人套装。虽然是白胡子，但要染成紫色的很容易。"哎，这就是一个关于行动步骤的提议呀！

因为时间着实仓促，团队没有制定一个项目方案并真正地围绕这个项目集思广益，而是决定在未经深思熟虑之前就执行这个创意。我们没有制定计划，而是决定迅速提出并分配一系列行动任务，看看这个不成熟的创意是否能在没有任何正式程序的情况下真正落地。当然，这个创意的风险也很低。三套未使用过的圣诞老人服饰以及额外的办公室糖果的费用我们愿意承担。且不说传播节日的欢乐这种创意本身就是件有趣且有意义的事，我们也渴望通过这件事考验自己。

因此，我们迅速采取了一系列行动。20分钟内购买并开发了PurpleSanta.com网站，采购服装、给胡子染色——一下午的工夫，紫色圣诞老人行动就已万事俱备。紫色圣诞老人匿名造访了7家不同的公司。随后推特和脸书上都出现了关于奇怪的紫色圣诞老人在办公室里穿梭的消息。其他人开始一传十，十传百地高呼，恳请紫色圣诞老人也造访他们的办公室。

在这个实验中，凭借在没有把握的情况下迅速采取行动的意愿，创意才得以大获成功。这段美好回忆说明了迅速行动的机制，也说明了如果没有迅速采取行动，不成熟的创意落地的可能性就会大大降低。

附录 C
彼罕思网络概况

彼罕思网络是服务全球卓越创新专业人士的免费平台。Behance.net 的使用者多数是视觉创意产业的专业人士，包括设计师、摄影师、插画家和其他各类艺术家。他们将彼罕思网站作为一个强有力的工具，广泛地展示自己的作品，征求反馈意见，并建立专业人际关系网。每月都有数百万人访问彼罕思网络及其旗下网站，以探索、发现和招聘顶级创新人才。

我们的团队开发了彼罕思网络，作为在创意专业群体内培养责任感、促进职业发展和知识交流的一个渠道。彼罕思网络旨在帮助创意界开展组织工作。它的实用工具、设计和广泛的合作关系令创新专业人士在引领自己事业的路上如虎添翼。它也已成为企业寻找和聘用顶尖人才的绝佳平台。

无论寻求灵感，还是寻觅雇用顶尖人才，或是想要展示自己的创新作品，都欢迎你点击 Behance.net，访问彼罕思网络。